太平洋戦争の名将たち

歴史街道編集部 編
Rekishikaido

PHP新書

太平洋戦争の名将たち

目次

第一章　山本五十六と真珠湾攻撃

第二章　山口多聞とミッドウェー海戦

第三章 角田覚治と南太平洋海戦

第四章 中川州男とペリリュー島の戦い

第五章　栗林忠道と硫黄島のサムライたち

第六章 今村均と日本の敗戦、責任の果たし方

第一章

山本五十六と真珠湾攻撃

山本五十六

史上空前の奇襲攻撃をなぜ決断したのか

戸髙一成

真珠湾攻撃。その知らせに世界が驚愕したのは、
米太平洋艦隊主力を壊滅させた戦果だけではなく、
航空攻撃による奇襲という常識を覆す革命的な発想にあった。
連合艦隊司令長官山本五十六はなぜ、
この博打にも等しい作戦に踏み切ったのか。
また、対米戦に反対し続けていた彼の、
作戦に託した「真意」とは何であったのか。

世界を一変させた戦術と山本の個性

その知らせに全世界が驚愕した。

昭和十六年（一九四一）十二月八日。日本海軍の南雲機動部隊が、米太平洋艦隊の根拠地、ハワイ・オアフ島の真珠湾を、航空兵力をもって奇襲攻撃したのである。日本の攻撃隊は極めて正確な雷撃、爆撃をしかけ、在泊の米戦艦八隻を撃沈破することに成功。これによって米太平洋艦隊は主力艦を一挙に喪失する壊滅的打撃を受け、太平洋における当面の軍事行動が不可能となった。まさしく未曾有の大戦果を挙げたのである。

しかし世界が驚愕したのは、その戦果だけではない。この作戦があまりにも革命的な、常識では考えられないものだったからである。

まずこの作戦の革命性は、空母を集中運用し、その艦上機を主兵力として艦船を攻撃する、「航空主兵」を実践した点にあった。

当時、航空機で大型艦船を撃沈することは極めて困難とされており、航空機の実力も理解されているとはいえず、空母も戦艦の補助的存在と考えられていた。海戦の帰趨は、あくまで戦艦の優劣によって決まるというのが世界の「常識」だったのである。

その「常識」を覆したのが真珠湾攻撃だった。南雲忠一司令長官率いる第一航空艦隊は、正規空母六隻、艦上機三百五十機をもって、米戦艦群を瞬く間に撃沈してのけたのである。
そしてこの作戦は、伸るか反るかの大博打ともいうべきリスクを負ったものだった。
日本の機動部隊が北太平洋を横断し、ハワイに至るまでには十日以上を要する。その間、これほどの大部隊（正規空母六、戦艦二、重巡洋艦二、軽巡洋艦一、駆逐艦九他）が無線も封止し、秘密裏に航行するのは極めて困難である。もし他国の船に発見され、アメリカが察知してハワイで待ち構えるようなことがあれば、機動部隊は返り討ちに遭う恐れもあった。しかも日本海軍はこの作戦にほぼ全ての空母を投じており、大敗すれば、機動部隊は緒戦で壊滅してしまう。

なぜ日本海軍は、これほどまでに危険な大博打に打って出たのだろうか。それはひとえに、作戦を主導した連合艦隊司令長官山本五十六の個性に拠るところが大きい。

当時、日本海軍でもほとんどの者は戦艦の優劣が勝敗を決めると考えていた。そうした中で、山本が「航空主兵」の構想を持つに至ったのは、その経歴と経験に秘密があった。

山本は大正十三年（一九二四）、パイロットの養成機関である霞ケ浦航空隊教頭兼副長に任じられたのを皮切りに、航空機開発部門である航空本部の技術部長、海軍航空本部長を歴任し、いわば航空機のプロフェッショナルへの道を歩んだ。

また山本は、昭和五年（一九三〇）にロンドン海軍軍縮会議に出席。軍艦の建造に歯止めをかける世界の潮流に接したことで、今後は戦艦主体の軍備は頭打ちとなり、いずれ「航空主兵」の時代が来ることを肌で感じ取っていた可能性もある。

その「航空主兵」という発想が、いつごろ真珠湾攻撃という具体的な作戦に結びついていったのかは定かではないが、山本が初めてその一端を口にしたのは、日米関係が悪化する最中の昭和十五年（一九四〇）三月の艦隊訓練でのことであった。この時、攻撃機が雷撃訓練で次々と魚雷を命中させるのを見た山本は、「空母によるハワイ攻撃はできないものか」と連合艦隊参謀長に漏らしたという。

とはいえ山本は、アメリカとの戦争には断固反対の立場を取っていた。駐米武官の経験もある山本は、「アメリカの工場の煙突の数を数えてきたまえ」が口ぐせで、アメリカの工業力がいかに強大か十分にわきまえており、日本の国力ではとても太刀打ちできないことが痛いほど分かっていた。だが、実戦部隊の最高責任者・連合艦隊司令長官である以上、開戦となった場合、いかに戦うかを考える責任を負っていた。

そして皮肉にも、日米関係の悪化を受けて、対米戦争は日に日に現実味を増し始めた。

昭和十五年十一月末。海軍内で対米戦が協議される中、山本はついにその作戦を海軍首脳に披瀝する。

「開戦劈頭、敵主力艦隊を猛襲、撃破して、米海軍および米国民をして、救うべからざる程度にその士気を阻喪せしむる」

すなわち、開戦と同時に真珠湾を航空兵力によって奇襲攻撃するというのである。圧倒的国力を擁するアメリカに対抗するには、虎穴に入る覚悟で敵艦隊の根拠地を猛撃し、主力艦隊を壊滅させ、それをもとに講和を図るしかないというのだ。

山本にとっては「これしかない」という決意を込めた作戦だったが、海戦といえば艦隊決戦を考える海軍の主流からはあまりに常識外れと捉えられ、見向きもされなかった。しかし山本は諦めず、大西瀧治郎第十一航空艦隊参謀長に真珠湾攻撃の作戦を練るように密かに命じ、作戦を具体化する作業に入っていく。

こうして完成した真珠湾攻撃作戦案が軍令部に提出されると、軍令部は投機的に過ぎると猛反対をした。だが、山本は一歩も退かなかった。そして昭和十六年十月十九日、「この作戦が認められなければ連合艦隊司令長官の職を辞す」という山本の前に、軍令部は、ついに承認するのである。

かくして、博打に等しいともいえる真珠湾攻撃が敢行されることになるのだが、山本には、彼なりの成算があった。なぜなら山本が真珠湾攻撃を口にした昭和十五年とは、日本海軍の航空機部隊がまさに世界レベルに達し始めた年だったからである。そしてその充実には、山本自身が深くかかわっていた。

零戦と戦艦大和、二つの最強兵器

山本は「海軍航空育ての親」ともいえる存在だった。昭和五年、山本は海軍航空本部技術部長となったが、当時、日本の航空技術は世界のレベルから大きく立ち遅れていた。

すでに航空主兵の時代を予期していた山本は、「日本の航空発達は、国産化なくしてありえない」という信念のもと、海外からの技術導入を積極的に行ない、それを日本独自の技術として育てていくことに努めた。

その努力は昭和十五年、世界一と謳われる戦闘機、零式艦上戦闘機として結実する。

零戦の特徴は、「短距離ランナー（高速、格闘性能）と長距離ランナー（航続距離の長さ）」の性能を併せ持ったことである。

そもそも高速と航続距離の両方を併せ持つ戦闘機など実現不可能に近い「ないものねだり」である。それを可能にしたのが、三菱の主任設計技師・堀越二郎らの持つ技術力だった。零戦の機体は徹底的に軽量化され、空気抵抗を減らすための引き込み主脚や、密閉操縦席といった最新技術が導入され、主翼主桁には、当時世界最高水準の強度を誇った超々ジュラルミンが使用されていた。

また、エンジンの回転数を常に最適回転数に保つための「可変ピッチプロペラ」という最新技術を導入し、これによって長大な航続距離を可能にしたのである。この時、日本の航空技術は世界水準に至ったといっても過言ではない。

また零戦が世界最強を誇ったのは、パイロットの技量によるところも大きい。戦闘機の戦闘力はそのかなりの部分がパイロットの技量に左右される。開戦当初、零戦が無敵を誇ったのは、日中戦争を戦った歴戦のパイロットたちが揃っていたからでもあった。昭和十五年の日本は航空技術、パイロットの技量ともに世界最高レベルに達していたのである。当時においては、機数が同じであれば零戦に対抗できる戦闘機隊は世界中どこにもなかっただろう。

世界最高を誇ったのは、航空機だけではない。造船の分野でも日本の技術は世界レベルに達していた。昭和十六年には、新鋭空母の翔鶴と瑞鶴が竣工する。翔鶴と瑞鶴は大出力の機関で三十四ノットの高速を誇り、防御力にも優れ、太平洋戦争を通して活躍することになる大型正規空母の決定版であった。

昭和16年（1941年）11月、単冠湾に進出した機動部隊。空母瑞鶴の25㎜３連装機銃越しに戦艦霧島（左）、空母加賀、雪に覆われた択捉島の山々が見える

そして極めつきは戦艦大和である。軍艦設計の天才・平賀譲の教え子たちの設計による大和型戦艦の主砲は、世界最大の四十六センチを誇り、三万メートルの距離で厚さ四十センチの甲鈑を貫通できた。また船体は四十六センチ砲の砲撃に耐えうる装甲が施されており、戦艦として評価した場合、攻撃力、防御力において、まさに世界史上最も強力な戦艦といえよう。

また設計のレベルはもちろんのこと、大和を建造した呉海軍工廠の設備や、工員の技量など総合的な観点からいって、大和のような巨大戦艦を造れる国は当時ほとんどなかったであろう。日本は建艦能力においても、世界レベルに達していたのである。

日米開戦を控えた昭和十六年において、日本海軍は最高水準の戦闘機と戦艦、新鋭の空母、そして名人揃いのパイロット、さらには優れた技術力を保有し、世界最強レベルの海軍になっていたことは間違いない。

とはいえ、それは薄氷を踏むような世界最強でもあった。航空機、戦艦を造るうえで日本海軍はあまりに一点豪華主義に過ぎた。通常、軍備は総合的な平均点の高さを競うものである。日本は零戦、戦艦大和という技術の頂点を極めた兵器はあったものの、総合力を見た場合、平均点は世界最高とはいえない。

それは資源を持たず、国力の劣る日本の苦しい選択であった。兵器の生産量で争えば、日本はアメリカに敵わない。ならば、量を質で凌駕し、各局面の戦闘において、確実に敵を撃滅できる最強の部隊を作ろうというのが、日本海軍の狙いだった。それはまさに、乾坤一擲の大勝負に臨むに相応しいものであった。

山本率いる連合艦隊とは、「持たざる国」日本が健気なまでの努力によって何とか作り上げた、世界最強の海軍だったのである。

山本の真意

戦力が整ったとはいえ、真珠湾攻撃は山本にとって非常に苦しい決断だったことに変わり

空母赤城から発艦するハワイ攻撃隊の零戦

はない。

対米戦争に断固反対だった山本は、真珠湾に出撃する部隊に、日米交渉が妥結された場合には引き返すように命じ、開戦決定のその日まで、日米交渉の行方を見守り続けた。そして、攻撃前のアメリカへの最後通告が正確になされるかも気にかけていた。

これはあくまで私見だが、山本が真珠湾攻撃を立案したのは、実は不可能と見なされる策を敢えて提出することによって、政府首脳に対米戦争が絶対に不可であることを悟らせようとしたからではないか。

だが、日米交渉は行き詰まり、開戦の現実味は増すばかりだった。軍人であれば、戦う以上、勝つための方策を考えなければならない。そこで山

本は、

「対米戦を回避できないならば、彼我（ひが）の戦力が拮抗（きっこう）している早期に決着させよう。そのためにはやはり、真珠湾に乾坤一擲の奇襲を仕掛けるしかない。そして今こそ、それに相応しい戦備が整っている」

と思い定めたのではなかったか。山本の中で真珠湾攻撃は、戦争回避のための方策から、戦争を早期に終結させるための戦略に変容していったのだろう。

かくして、真珠湾攻撃は成功した。米太平洋艦隊の動きを封（ふう）じた山本は、その後、戦略的価値の低い、南方の島を大量に占領していく。個人的な推定になるが、それは、米太平洋艦隊が再建される前に、広域の領土を占領しておいて、それを早期講和のための外交カードにしたかったからではないか。ミッドウェーの敗戦によって、この計画は頓挫（とんざ）するのだが、山本は政府がいつ講和交渉に乗り出すか、祈るような気持ちだったに違いない。

山本の存在は、あたかも昭和日本の苦しみを一身に体現しているかのようである。「持たざる国」が戦わざるをえない状況に置かれ、選択肢の少ないぎりぎりの中で決断を迫られたのが真珠湾攻撃だったといえる。

対米戦に断固反対であったのは山本だけではない。当時、大半の日本人が対米戦は無理だと考えていた。政府首脳も、昭和天皇も戦争を回避したかった。それにもかかわらず、開戦に至ってしまったのである。戦争の真の恐ろしさとは、ほとんど誰も戦うつもりがないのに、それでも起きてしまうことにあるのではないか。だからこそ、戦争に至るプロセスを解析（かいせき）していくことが今後のためにも重要なのである。

同時に、まさに戦争が起きようとしている瞬間にあって、日本人がどんな思いをもって臨んでいたのかも、問われるべきであろう。そうでなければ、あの戦争の真の姿は見えてこない。真珠湾攻撃と山本五十六とは、その象徴といえるのではないだろうか。（談）

なぜ米英との対決に向かったのか？
昭和陸海軍の体質を変えたもの

保阪正康

建軍以来の仮想敵国・ソ連から、
他に目を向けた昭和陸軍。
仮想敵国アメリカへの対抗意識を、
急激に高めていった昭和海軍。
両者が本来の体質から
変わっていった要因は、中国問題にあった。

昭和陸軍は対ソから対中、対米英へ

昭和陸軍と昭和海軍には、基本的な体質の違いがあった。一例をあげれば、昭和陸軍には日露戦争以来の中国の東北部（いわゆる満蒙地区）に対する権益を獲得・拡大するのが自らの存立する理由であり、それが国是だとの認識であった。これに対して昭和海軍は、仮想敵国のアメリカと伍していくだけの軍事力をもち、列強諸国での有利な地位を獲得していきたいとの思惑があった。

両者に共通するのは、「国益の守護」ということだったが、その反面で国益とはどのようなものかについては、大きな違いがあった。それが顕著になってきたのは、昭和十年代に入ってからのことだった。

昭和十二年（一九三七）七月七日の盧溝橋での事件を機に、日中戦争は拡大していくのだが、時の近衛文麿首相は、当初は事件の拡大に反対したが、しかし結局は軍部（特に陸軍）の要求を容れる形で拡大を容認する方向に進んでいる。近衛としては彼自身の、そして彼の周辺の知識人の総意でもある「東亜の解放」を、陸軍がつくりあげていく軍事的制圧地域の拡大に呼応して、「東亜新秩序」という語で容認したともいえた。近衛はのちにこのことに自省する言を洩らすが、当初は日本、満州（満洲）国、そして軍事的に制圧した中国の三者により、東亜に新秩序を形成しようとの歴史的意思をもっていたのである。

陸軍の指導者は、日中戦争の拡大がそのまま戦果となっていくのに乗じて、本来の仮想敵国であるソ連との軍事的抗争を画策した感があった。それが昭和十三年（一九三八）の張鼓峰事件であり、昭和十四年のノモンハン事件だった。こうした軍事的衝突は、結果的にソ連の戦備や兵員の質、さらにはその軍事力を測ることになっている。そしてつけ加えるなら、日本の軍事力はソ連の機械化部隊と比較すると一段と劣勢にあることがわかり、ソ連と対峙するには慎重かつ精緻な戦略を練り直さなければならないと考えた。

陸軍はその一方で、日中戦争を短期間に軍事的に解決できると思っていたのに、実際には中国でも国共合作のもとで抗日態勢ができて、戦争の長期化が予想されることにもなった。この長期化には、主にアメリカの蒋介石政府への軍需物資、生活物資などの全面的な援助があり、日本軍は表面上は中国に対して戦争を進めていながら、実際にはアメリカやイギリスなどの経済力や工業力と戦っているともいえた。

なぜアメリカを中心とする主要国は、蒋介石政権を支持したのかということだが、その内容をみると主要点には三点があるといえた。第一に、蒋介石政府のアメリカ国内での積極的な反日キャンペーンがあり、これが一定の力をもったことだった。第二に、アメリカやイギリスにしても、中国に対して日本が一方的に権益を拡大することに、より強い警戒心があったことだった。そして第三点として、一九二〇年代のワシントン秩序を形づくってきたワシントン会議（一九二二）での九カ国条約に対する責任などがあったといえるだろう。

昭和海軍の三国同盟反対派の敗北

日本は昭和八年（一九三三）三月に国際連盟を脱退したのだが、それも影響していて、国際的にはまったく孤立していた。

昭和陸軍という組織は、こうした国際社会の変化に対応できる柔軟性を失っていた。昭和十年代の陸軍指導者は、硬直した軍事史観の枠組みから抜け出ることはできなかったということになるだろう。そのために、やがてドイツがヒトラーによるファシズム体制をつくりあげ、ヨーロッパ全域を軍事的に制圧（第二次世界大戦。その開始は昭和十四年〈一九三九〉九月一日）していくと、そのような情勢をみながら、ドイツ、イタリアとの三国同盟に一気に傾いていった。

この三国同盟締結は、結果的にアメリカとの対立をより深くしていくことになった。

改めて明治以来の陸軍の基本的な体質と比べると、昭和陸軍は対ソ戦を常に想定している本来の状態から変質してしまったのである。そして日本国内は、陸軍の思惑による軍事主導体制が確立していき、その偏狭さに対して親英米的な知識人や、天皇周辺の側近たちと対立することになった。国内が一枚岩にならなかったのは、その点にあった。

一方で海軍だが、海軍は昭和十一年(一九三六)十二月三十一日にワシントン海軍軍縮条約の期限が切れるのを機に、無条約時代を選ぶことになった。つまり無制限な建艦競争に入る道へと進んだ。このことはアメリカとの間に、条約をはさんで軍事力を測っていく道から、まったく独自に海軍力を世界の有数国に仕立てていこうとの思惑が先行することになった。

山本五十六

昭和海軍はそれでも陸軍がドイツ、イタリアに傾くことに反対で、特に昭和十四年には三国同盟に傾く陸軍に対して、海相の米内光政、次官の山本五十六、それに海軍省軍務局長の井上成美は強く抵抗し、その締結に不快感をあらわした。とはいえ海軍内部にも、陸軍と歩調を揃えるべきであり、対米英との対決状態も辞さないとのグループも生まれた。

海軍省や軍令部に横断的につくられた第一委員会などの中堅幕僚がそうであった。結果的に米内、山本ラインはこの時、反米親独といった陸軍の政策と提携する海軍幕僚との間に敗れるのである。

こうしてみると、昭和陸軍も昭和海軍も、昭和十年代のある時期からは、もともとの体質から大きく踏み外していることがわかる。その因としては、陸軍の対中国強硬論が引き金になって、ソ連と対峙するという方向が崩れていったことが挙げられるし、海軍としてもアメリカとの対抗意識が、日中戦争を土台にする形で肥大化していったともいえる。

存亡を賭けての日米交渉に失敗して

昭和十六年（一九四一）四月から、第二次近衛内閣のもとで、日米交渉が始まった。これは、この時期に障害の多い日米関係を改めて再構築しようとの思惑を込めていた。ただ交渉の前提になっている諒解案が、日本とアメリカとの理解には、大きな開きがあった。日本は援蔣政策を中止させ、あわせて満州国や汪兆銘の国民政府を承認させようと考えていたのに対し、アメリカは中国からの撤兵、三国同盟の離脱を求めていた。つまり両者の間には、昭和十年代の陸軍が進めてきた軍事戦略やその政策を認めるか否かの国益を賭けての戦いがあったのである。

この外交交渉の間に——昭和十六年六月二十二日だが——、突然独ソ戦が起こった。この独ソ戦を機に、日本は南部仏印進駐を進めている。陸軍の指導部は、アメリカの報復を大規模なものにはならないと予想していたのだが、現実はそうではなかった。在米資産の凍結、石油の全面的禁輸といった報復を受けたのである（昭和十六年七月から八月）。

日本は、アメリカからの石油の輸入に依存していたために、海軍内部にも国の存亡の危機との声が高まっている。それ以後の日米交渉は、存亡を賭けての交渉となったが、結局は東条英機内閣のもとでこの外交上の交渉は失敗し、軍事力の発動で解決に乗り出すことになった。昭和十六年十二月八日からの太平洋戦争はこうして始まった。改めてこの流れを検証してみると、昭和陸軍も昭和海軍も、建軍以来のよって立つ立場と異なって、性急に事を急いだとの形は否めない。

昭和十六年十一月一日の最後の連絡会議の冒頭で、嶋田繁太郎海軍大臣は、開戦の場合、「初期作戦及現兵力関係ヲ以テスル邀撃作戦ニハ勝算ガアリマスガ」と言い、戦争が三年も長引いたら、「戦力維持上大ナル不安ガアリ」と明言した。海軍は確かに歴史的な仮想敵国であるアメリカと戦うことになったが、しかしその戦いはあまりにも予期せぬ形でもあり、長期戦には不安を抱えていたのだ。こうした声を昭和陸軍は聞く耳ももたなかったことと、嶋田海相をはじめ海軍首脳部もこの言をくり返すことがなかったところに、それぞれの組織の欠陥があったということになるであろう。

「ワレ奇襲ニ成功セリ」世界が瞠目した運命の一日

松田十刻

旗艦赤城のマストに「ＤＧ」信号旗が翻った。
日露戦争の際、旗艦三笠が掲げたＺ旗である。
各艦の士気はいやが上にも高まる。
そして午前六時。乗組員が歓呼の声を上げて帽を振る中、
暁の空に第一次攻撃隊が飛び立つ。
乾坤一擲。すべてはこの時のためにあった。

択捉島を出撃

北緯四五度。千島列島の択捉島にそそり立つ連峰は麓まで雪を被り、荒涼とした単冠湾に寒風が吹きわたる。凍てついた湾内に、内地から隠密航行してきた航空母艦や大小の艦艇が続々と姿を現わした。

昭和十六年（一九四一）十一月二十三日、南雲忠一司令長官（中将）率いる真珠湾攻撃機動部隊（通称・南雲機動部隊）の三十隻が湾内に集結した。

これより二日前、広島湾柱島泊地に停泊する連合艦隊旗艦長門の山本五十六司令長官は、南雲司令長官に対し「第二開戦準備」の隠語電報「富士山登れ」を発令していた。

機動部隊は、第一航空艦隊（空母六隻、戦艦二隻、重巡洋艦二隻）、警戒隊（軽巡洋艦一隻、駆逐艦九隻）、哨戒隊（潜水艦三隻）、第一・第二補給隊（計七隻の補給艦）から編制されていた。

第一航空艦隊は、▽第一航空戦隊（南雲指揮官直率）空母赤城、加賀▽第二航空戦隊（司令官・山口多聞少将）空母蒼龍、飛龍▽第五航空戦隊（司令官・原忠一少将）空母瑞鶴、翔鶴▽第三戦隊（司令官・三川軍一中将）戦艦比叡、霧島▽第八戦隊（司令官・阿部弘毅少将）重巡利根、筑摩――から成る。

新嘗祭のこの日、各艦では遥拝式が執り行なわれた。その後、南雲機動部隊の旗艦赤城において、所轄長以上の会同（会議）と、全飛行士官の会同が開かれた。飛行長や飛行隊長を除く飛行士官には、このとき初めて「ハワイ作戦」が明かされた。

午後四時、第二航空戦隊の旗艦蒼龍の士官室には蒼龍、飛龍の士官、准士官（准尉・兵曹長）が呼集された。

「大命により、我々は開戦劈頭、ハワイの米太平洋艦隊を急襲する栄誉を賜った。我が一撃によって神国の皇威を示し、世紀の大戦争の先陣を務めるのは、武門の本懐これにすぐるものはない」（要旨）

山口司令官が力強く訓示すると、全員が宮城を遥拝し、感極まった声で万歳三唱をした。ほかの航空戦隊、戦隊の旗艦でも同様の光景がくりひろげられた。

飛龍雷撃隊を率いた松村平太大尉の回想によれば、真珠湾攻撃の計画が搭乗員全員に伝えられたのは、旗艦赤城において飛行士官の最後の打ち合わせが行なわれた二十四日だったという。

翌二十五日、各空母では全搭乗員が集められ、飛行長から具体的な作戦内容が明かされた。

飛龍においては、最初こそ水を打ったように全員が聞き入っていたが、次第に興奮で熱気が高まり、「やってやろう」という気概が搭乗員室の中にみなぎった。

同日午後、各艦長から各科末端の兵にも、「明朝六時、ハワイへ向けて出航する」と言い渡された。その夜、出撃前夜の壮行会が各艦内で行なわれた。

二十六日午前六時、薄暗いなか、単冠湾の機動部隊は一斉に錨をあげ、黒煙を噴きあげた。黒煙はオホーツク海から吹きつける小雪まじりの烈風によって散らされる。

先陣を切って、哨戒隊の潜水艦（伊一九・伊二一・伊二三）が出撃してゆく。巨大な切絵のような大小の艦艇が動きだした。

機動部隊に先立ち、先遣隊となる二十七隻の潜水艦隊は二十一日までに内地を出航、太平洋を東進していた。このうち五隻には特殊潜航艇が一隻ずつ搭載されていた。

針路を真南に

北太平洋に繰り出した機動部隊は、二列三隻ずつの空母群を中心に戦艦、巡洋艦が左右に配置され、駆逐艦が周囲を輪形で囲む警戒航行序列をとりながら、北緯四五度をやや南下しつつ東進した。

各艦艇では無線封鎖を徹底させた。電信室では送信機のスイッチを封印。反対に受信機はオンのまま、電信員はどんなささいな電波も見逃さないように全神経を集中させた。

十二月一日、機動部隊が日付変更線（経度一八〇度）を越えたこの日、御前会議で「米英蘭に対し開戦す」と決定された。永野修身軍令部総長は「大海令」（第九号）を山本司令長官に下達した。

翌二日午後五時三十分、山本司令長官から「ニイタカヤマ（新高山）ノボレ一二〇八」の電文が発信された。新高山は台湾の最高峰で富士山よりも高い玉山の日本名である。電文は「X日（開戦）を十二月八日とす。予定通り行動せよ」を意味していた。

四日午前四時、東進してきた機動部隊は北緯四一度、西経一六五度の待機地点（C地点）を通過、針路を一四五度に変針し、ハワイ諸島がある南南東へ向かった。

海は荒れていたが、補給艦（タンカー）からの空母や艦艇への洋上補給は順調に進んだ。補給艦隊は六日に三隻、七日に四隻が「御成功を祈る」の旗信号を掲げて前進をやめ、機動部隊を見送った。

機動部隊は七日午前七時、針路を真南にとった。めざすオアフ島までは、約七百カイリ（約千二百九十六キロ）、速力を時速十三ノット（約二十四キロ）から二十四ノット（約四十四キロ）にあげ、波濤を蹴った。

山本司令長官の訓示電報を受け、旗艦赤城のマストに「DG」信号旗が翻った。三十六年前、日露戦争のとき、バルチック艦隊を日本海で迎え撃つ連合艦隊司令長官東郷平八郎大将が、旗艦三笠に掲げたZ旗である。

「皇国ノ興廃此ノ一戦ニ在リ、各員一層奮励努力セヨ」

各艦では士気を鼓舞する声があがった。

「トラ・トラ・トラ」

十二月八日午前一時（ホノルル時間・七日午前五時三十分。以下、時間のみ）、白み始めた空へ向けて、重巡洋艦利根と筑摩に搭載されていた水上偵察機二機が、オアフ島の偵察のためにカタパルトから発進した。

空母六隻の飛行甲板には昇降機から揚げられていた艦上機が三列に寄り添い、エンジンを唸らせ、暖機運転をしている。

午後一時三十分（午前六時）、六隻の空母から第一次攻撃隊百八十三機が相次いで発艦した。甲板縁のポケット、艦橋、高射砲座などにいる乗員がちぎれるほどに帽を振る。

第一次攻撃隊は制空隊（戦闘機隊）四十三機、水平爆撃隊四十九機、雷撃隊四十機、急降下爆撃隊五十一機から成る。

制空隊は戦闘機の歴史を塗り替えた零式艦上戦闘機（零戦二一型）に搭乗している。

水平爆撃と雷撃を担うのは、九七式艦上攻撃機（艦攻・三人乗り）である。高高度からの水平爆撃では八百キロもの徹甲爆弾、雷撃では真珠湾の浅瀬でも使えるように水平安定板を取り付けた九一式航空魚雷改二（八百三十八キロ）を使用する。

急降下爆撃を担うのは、九九式艦上爆撃機（艦爆・二人乗り）である。上空から猛スピードで降下し、艦艇や基地施設などに二百五十キロ爆弾を叩きつける。

第一次攻撃隊は上空で旋回しながら編隊を組み、二百三十カイリ（約四百二十六キロ）先のオアフ島へと向かった。

先頭は、総指揮官の淵田美津雄中佐（赤城）率いる水平爆撃隊である。

右側には赤城飛行隊長の村田重治少佐率いる雷撃隊、左側には翔鶴飛行隊長の高橋赫一少佐率いる急降下爆撃隊がそれぞれ五百メートルほど離れて飛行している。

赤城飛行隊長の板谷茂少佐率いる制空隊は、敵機の来襲に備え、編隊の上空五百メートルほどを飛んでいた。

発艦してまもなく、雲間から差した朝日が軍艦旗のように放射線状に広がった。

攻撃隊は雲の上を飛び続けた。

淵田総指揮官機には、米国製の方向探知機（クルーシー）が搭載されていた。淵田がそのダイヤルをまわしていると、軽快なジャズが聞こえた。ホノルル放送の電波に乗り、その方向に無線航法で向かった。

オアフ島の米陸軍はレーダーを五台設置していたが、一台しか稼動していなかった。その一台が午前二時三十六分（午前七時六分）、北方に飛行機群を捉えた。が、司令部は本土からやってくるB－17爆撃機の編隊と判断した。

午前三時（午前七時半）、突然、雲の切れ目から、淵田の目に美しい海岸線が飛び込んできた。航空図で確認すると、北端のカフク岬にまちがいない。第一次攻撃隊はそこをポイントに攻撃態勢をとる作戦だった。

「右に変針し、西の海岸線を進め」

淵田は伝声管を通し、前の操縦席にいる松崎三男大尉に命じた。

総指揮官機が右に旋回すると、後続の編隊も旋回し、海岸線沿いを南西方向に飛ぶ。淵田は風防を開いて座席から立ち上がり、編隊の機数を数えた。落伍機はない。

敵機の邀撃もない。淵田は「これなら奇襲でいける」と判断した。

信号拳銃を右手で握ると、風防の上にあげて引金を引いた。信号弾が一発であれば奇襲、二発であれば強襲と決めてある。奇襲の場合、雷撃隊が先陣を切って降下し、超低空飛行から敵艦へ向けて魚雷を発射する。

水平爆撃隊、急降下爆撃隊は作戦通りに展開したが、上空にいる制空隊の指揮官は気づいていない。淵田は信号弾をもう一発放った。ようやく板谷飛行隊長はバンク（翼を振る）して総攻撃を命じた。

ところが、急降下爆撃隊は二発目を見て強襲と判断した。強襲では急降下爆撃隊が真っ先に攻撃に移る。手順どおり左に旋回し、島の真ん中を切り裂くように南下した。

まもなく偵察機から敵情を知らせる無電が入った。太平洋艦隊はやはり真珠湾に集中している。空母はいないが、戦艦や巡洋艦はまとまって停泊しているという。

真珠湾が迫ると上空は晴れ渡り、フォード島をとりまくように係留されている大小の艦艇がはっきりと見えてきた。

「全機、突撃せよ！」

淵田は伝声管に叫んだ、後方座席の電信員水木徳信（一等飛行兵曹）は午前三時十九分（午前七時四十九分）、全機突撃を意味する略語「トトトト……」とト連送を続けた。当初の計画より十一分早い攻撃である。

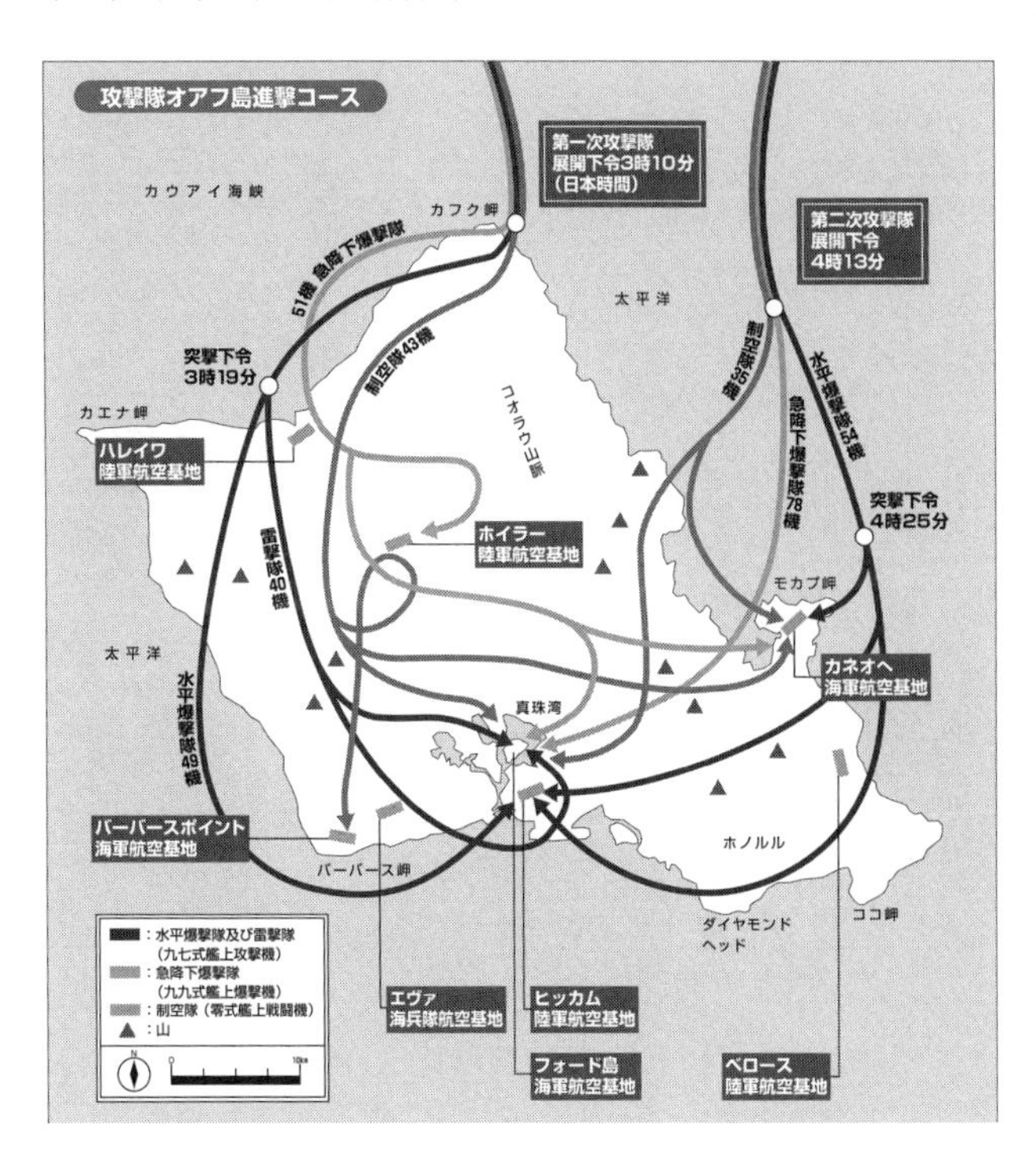

「甲種電波で艦隊にあてて発信。〈ワレ奇襲ニ成功セリ〉」
水木は略語表を手にし電鍵を叩いた。午前三時二十二分（午前七時五十二分）、歴史的な「トラ・トラ・トラ」が打電された。

米太平洋艦隊が壊滅

急降下爆撃隊は二手に分かれ、午前三時二十五分（午前七時五十五分）、高橋赫一少佐率いる一隊は真珠湾のフォード島海軍航空基地、真珠湾南側にあるヒッカム陸軍航空基地、坂本明大尉率いる一隊は真珠湾北側にあるホイラー飛行場へ襲いかかった。

ドイツの急降下爆撃機を模した九九式艦爆は、二本の太い脚を出したまま上空から突っ込み、二百五十キロ爆弾を次々と投下した。真珠湾の周辺に紅蓮の炎が上がる。この攻撃が真珠湾奇襲の戦端を開いた。

先を越された雷撃隊指揮官の村田少佐は、周囲の黒煙を見やりながら唇を噛んだ。高度を落としてフォード島に迫ると、海面を這うように進み、二列に係留している戦艦群へ突進した。もしも魚雷防御網が張られてあれば、体当たり攻撃をする覚悟だった。

村田は機体を水平にし、前方のほぼ中央に停泊している戦艦ウェスト・ヴァージニアめがけて魚雷を発射した。間髪を容れずに上昇し、マストすれすれに飛び越えた。旋回して見下ろすと、命中した船体から水柱が上がり、火焔がみるみる上空へと盛り上がってくる。

四隊の雷撃機はそれぞれに攻撃しやすい角度から魚雷を発射した。魚雷の航跡が湾内を縦横に走る。波状攻撃により、ウェスト・ヴァージニアの左隣に停泊していた戦艦オクラホマも爆発、炎上して転覆した。

淵田が指揮する水平爆撃隊は真珠湾の上空にさしかかると、高度三千メートルから順繰りに八百キロ徹甲爆弾を投下した。真珠湾に数百メートルもの巨大な水柱が上がる。

空襲開始直後の真珠湾。戦艦に魚雷が命中して水柱が上がっている

戦艦アリゾナには四発が命中し、一発が火薬庫の誘爆を引き起こした。凄まじい爆裂音とともに火柱が上空へと噴き上がり、艦橋が崩れ落ちた。猛火に包まれたアリゾナは千百七十七人の乗組員とともに海底に沈んだ。

零戦は邀撃に飛び立ってきたカーチスＰ－36を次から次と撃墜した。中国戦線で実戦を積んできた搭乗員にとって、時代遅れのＰ－36は零戦の敵ではなかった。艦上戦闘機のグラマンＦ４Ｆワイルドキャットは空母が出払っているために現われない。

第一次攻撃隊は約一時間に及ぶ攻撃を終えると、空母が待つ北へとひき返した。

反復攻撃見送りの禍根

第二次攻撃隊はカフク岬の東側を南下し、第一次とは逆に東側から作戦を展開した。

第二次攻撃には制空隊三十五機、水平爆撃隊五十四機、急降下爆撃隊七十八機の計百六十七機が投入されていた。

午前四時二十五分（午前八時五十分）、攻撃隊指揮官で水平爆撃隊を率いる嶋崎重和少佐（瑞鶴）は、「真珠湾突入」を命じた。

水平爆撃隊の一部はカネオヘ海軍基地に向かい、残りはダイヤモンドヘッドをまわるように右旋回し、ホノルルの市街地沿いに飛んで真珠湾上空に達した。

急降下爆撃隊は山岳地帯を越えて真珠湾へ急行した。艦爆隊を指揮する蒼龍飛行隊長の江草隆繁少佐は、黒煙がたちのぼるなか、対空砲火をものともせずにダイブ（急降下）し、爆弾を投下した。江草には「艦爆の神様」との異名がある。あとに続いた艦爆隊は戦艦や巡洋艦などに爆弾を浴びせた。

赤城分隊長の進藤三郎大尉率いる制空隊は水平爆撃隊や急降下爆撃隊を掩護し、東端のカネオヘ海軍基地などに攻撃を加えた。

午前五時十五分（午前九時四十五分）、第二次攻撃隊は作戦を終了し、帰投した。

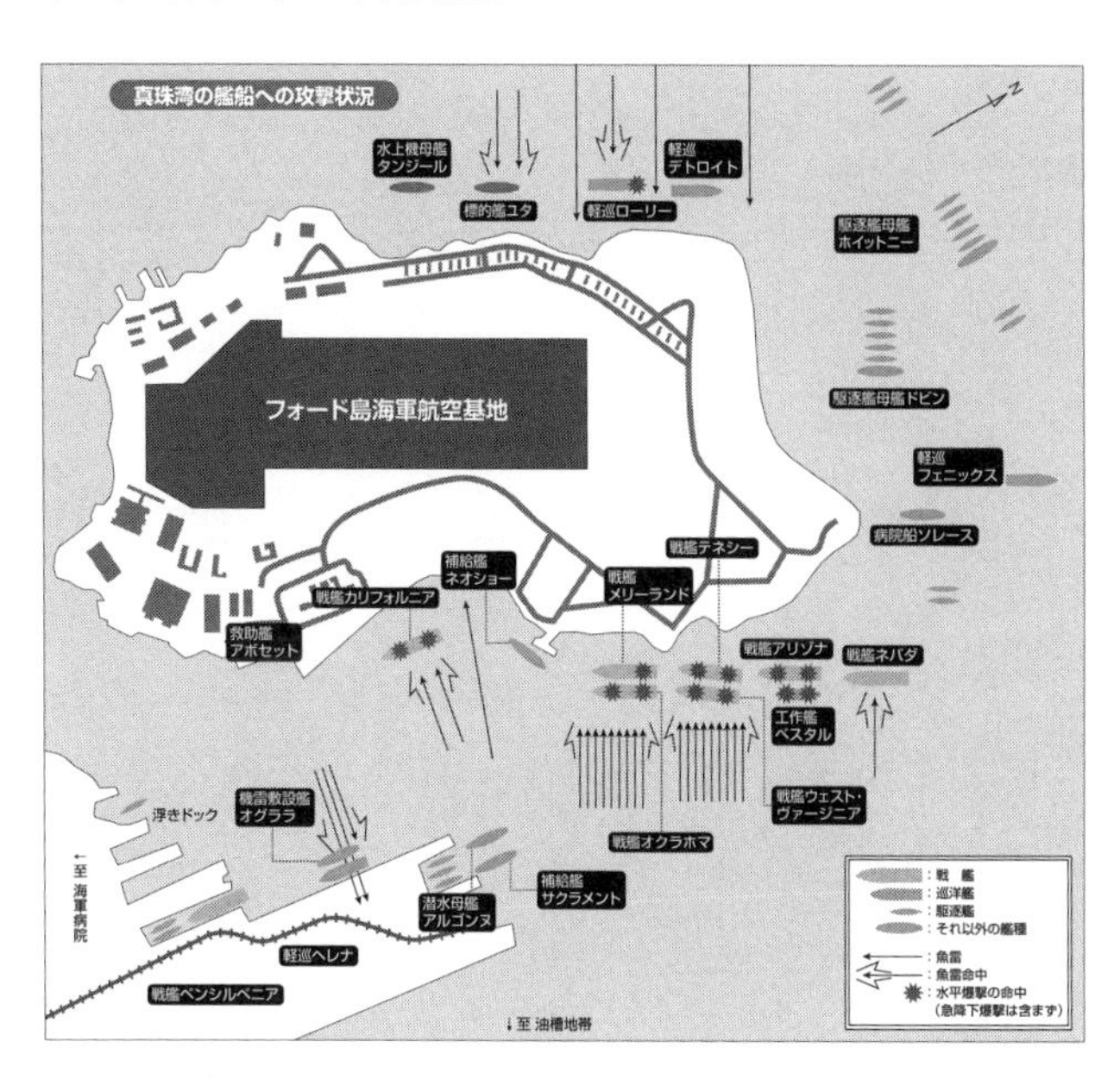

山口司令官は第二次攻撃隊を収容すると、赤城に発光信号を送り、「第二航空戦隊は反復攻撃の準備完了」と伝え、再度の攻撃を促した。第三戦隊の三上司令官は、反復攻撃を意見具申する発光信号を送った。

だが、司令部は引き揚げを決め、赤城のマストに変針の針路信号が掲げられた。

機動部隊は北へと向かった。

真珠湾奇襲では四隻の戦艦を撃沈するなど巡洋艦や駆逐艦を含め十八隻に甚大な被害を与えた。破壊された飛行機は二百機前後、死傷者は約三千八百人（民間人は約百人）、うち戦死、行方不明者、戦傷後死亡者は約二千四百人を数えた。

機動部隊の未帰還機は二十九機（第一次九機・第二次二十機）、戦死者は五十五人。

このうち蒼龍第三制空隊を率いていた飯田房太大尉は機体が被弾して燃料漏れとなり、カネオへ海軍基地に突入して自爆した。

飛龍制空隊の西開地重徳（一飛曹）はエンジン不調でニイハウ島に不時着するが、かくまってくれた日系二世のハラダ・ヨシオとともに自決する（島民に殺されたとも）。

ほかに真珠湾奇襲に先立つ一時間ほど前、二人乗りの特殊潜航艇五隻が米駆逐艦の攻撃を受け、隊員九人が戦死した。意識不明だった酒巻和男少尉は捕虜第一号となった。

機動部隊が反復攻撃をとりやめ修理施設などを破壊しなかったことから、米軍は急ピッチで復興作業に当たる。真珠湾に帰投中の空母エンタープライズも難を逃れた。

何よりパールハーバーでの悲劇は外務省の不手際から「騙し討ち」の汚名とともに、アメリカ国民の反日感情を煽り、戦意を高揚させることになった。

真珠湾奇襲は世界を瞠目させた。だが、皮肉にも山本司令長官がもくろんだ短期決戦戦略は挫折し、連合艦隊にはさらなる激闘の日々が待ち受けていた。

「戦略的な奇襲が、政略的な騙し討ちになってはならない。戦いはあくまで、堂々とやるべきだ」

それが山本五十六の信念であった。ところが……。日本のアメリカへの最後通告手交の遅れにより、真珠湾攻撃は「騙し討ち」とされ、米国民を憤激させた。その汚名は今もなお、この攻撃を語る際について回る。

しかし、世界を驚嘆させた大胆かつ革命的な用兵と、実際に米太平洋艦隊を壊滅してのけた戦果、そして戦いに臨んだ男たちの決死の覚悟と、当時の日本人が抱いていたやむにやまれぬ思いまでが、消し去られるわけではない。

真珠湾から八十年目の今、あの時日本人は何のために立ち上がったのか、改めて先人たちの声に耳を傾けてもよいのではないだろうか。

第二章 山口多聞とミッドウェー海戦

山口多聞

「見敵必戦」の闘志と果断を備えた男の魅力

戸高一成

「もしも山口多聞が機動部隊を指揮していたなら……」
強大な米英海軍と戦わざるを得なかった昭和の日本海軍で、
最後まで「見敵必戦」の姿勢を見事に貫き、
数々の果断を示したのが、
海軍少将・山口多聞であった。
彼こそ、「闘将」と呼ぶに最もふさわしい。

片道でけっこうだから連れていってくれ

　海軍少将・山口多聞。昭和の海軍軍人において、「闘将」という言葉がこれほどあてはまる人も少ない。明治二十五年（一八九二）に東京小石川で生まれ、昭和十七年（一九四二）六月にミッドウェー海戦で空母「飛龍」と運命をともにするまで、その五十年の生涯は、味方が劣勢であろうとも断固戦うという、軍人に必須な「見敵必戦」の姿勢に見事に貫かれていた。だからこそ、今なお多くの人を惹きつけてやまないのだろう。

　多聞について語る際、「彼が機動部隊の長官ならば、ミッドウェー海戦をはじめ、幾多の海戦であんな負け方はしなかった」という「もしも」を本気で語る人が少なくないが、確かにそういわせるだけの資質を多聞は持っていたのである。

　多聞をめぐる有名な「もしも」の一つに、昭和十六年（一九四一）の真珠湾攻撃時におけるものがある。奇襲攻撃により、日本海軍は碇泊していたアメリカの戦艦群に大打撃を与えたが、さらなる戦果の拡大を求め、多聞は海軍工廠や燃料タンクなど、陸上施設に対する攻撃を機動部隊の南雲司令部に意見具申したという。ところが、南雲司令部はこれを黙殺して帰途につき、結果的にその後のアメリカ太平洋艦隊の立ち直りを早めてしまった。

　もともと、多聞の指揮する第二航空戦隊の中型空母「飛龍」「蒼龍」は、航続距離の関係から、当初、軍令部はハワイ作戦参加に難色を示した。だが、これを聞かされた多聞は激怒し、長官の南雲忠一に向かって、「燃料が切れて、帰りは漂流しても一向にかまわん。片道でけっこうだから連れていってくれ。何のために部下に今まで猛訓練をさせてきたのだ」と思いをぶつけたという。多聞は、国力強大なアメリカとの戦争を始める以上、緒戦のハワイ作戦で日本海軍の総力を挙げて敵を叩かなければならないと考えていた。連合艦隊司令長官山本五十六と同じ考えである。「作戦が投機的すぎる」とやる前から腰が引けていた南雲司令部に比べ、多聞のハワイ作戦に懸ける意気込みは実に対照的なものがあった。

先の陸上施設に対する攻撃にしても、やるなら徹底的にやるという闘志の表われであろう。実際、すでにそれまでの攻撃で地上にあった敵航空機は壊滅させていたのだから、この多聞の意見具申は正しかったといえる。

近代戦という苛酷な現実

多聞が本気で米英を屈服させる気でいたことは、昭和十七年二月に海軍上層部に宛てて提出された意見具申書からもうかがえる。それは、インドの各要地、オーストラリアはもちろん、ミッドウェー、ハワイを攻略、最終的には基地航空部隊をカリフォルニア州に進出させ、北

1941年撮影のミッドウェー諸島

米全域にわたり、都市と軍事施設を攻撃するという、何とも気宇壮大（きうそうだい）な作戦計画であった。多聞にしてみれば、米英との戦争に勝つ気があるならば、そこまで肚（はら）を据（す）えろと、海軍上層部に言いたかったに違いない。

しかし実際のところ、昭和の海軍軍人の中で多聞のように闘志に溢（あふ）れた人物は、むしろ稀（まれ）であった。昭和の日本海軍がいざ戦時において、「戦う組織」になっていなかったと結論づけざるを得ないことは残念である。

太平洋戦争における日本海軍の作戦は、目的が一つに絞（しぼ）りきれておらず曖昧（あいまい）だと、これまでしばしば批判されてきた。なぜそうなってしまったのか。私には、指揮官の履歴を傷つけないための配慮であったとしか思えない。仮にメインの目的が失敗しても、あとで格好がつくように、簡単にクリアできるサブの目的がもう一つつけ加えられ、作戦目標が常に二つあった。それが最悪のかたちで表われたのが、他ならぬミッドウェー海戦であった。

　この時、日本海軍は、ミッドウェー海戦と連動するかたちで、北太平洋・アリューシャン列島のウナラスカ島にあるダッチハーバーに、わざわざ空母二隻を割いて爆撃をしかけている。敵の守備隊がほとんどいないのだから、むろん、作戦は成功である。ただし、戦略的にはまったく意味がなかった。

　さらにいえば、本目的にあたるミッドウェー海戦自体、機動部隊に下された任務は、ミッドウェー島の攻略なのか、それに誘き寄せられた敵機動部隊の撃滅なのか、はっきりしていなかった。虎の子の空母四隻を失ったミッドウェー海戦の敗因については、暗号・情報戦の敗北、将兵の油断、哨戒・索敵の不備、あるいはツキに見放されていたなど、さまざまな原因が挙げられるが、ひと言でいえば、この作戦目的の曖昧さに尽きるのである。

　一方で、これほどの負け戦にもかかわらず、南雲司令部は誰も責任を取らずに済んでいる。司令部の参謀長・草鹿龍之介は、山本に「仇をとらせてください」と申し入れたところ、山本は涙を浮かべて「わかった」と言ったという。このミッドウェー海戦に限らず、日本海軍はその後、太平洋でアメリカ軍相手に数々の敗北を記録したが、どの指揮官も責任を取った形跡が見られないのは不思議である。

このように、戦時において日本海軍が「戦う組織」になりきれず、ひたすら「情」と「年功序列」を重んじる役所になってしまったのは、日清、日露戦争以来、実戦を経験していなかったことが大きい。特に、第一次世界大戦では、あまり実戦を経験していなかったため、近代戦の実相をほとんど知らずにいたことは致命的であった。

大正三年（一九一四）、のちに第一次世界大戦と呼ばれる欧州大戦が始まった。これより戦争は、国家の経済と国民を総動員する「総力戦」の様相を呈し、従来の常識をはるかに超える物的・人的被害をもたらした。それは同時に、当時の日本の工業力では、近代戦を戦うだけの「物量」が維持できないことを意味していた。だが私はそれだけでなく、第一次世界大戦は、日本人の「精神」面からいっても、すでに近代戦を戦えないことを示した戦争だったという思いがある。イギリスのチャーチル（当時海相）は、ヨーロッパ戦線の悲惨な状況を「すでに騎士道精神は失われ、単なる殺戮の場と化した」と評した。もし、陸海軍問わず、観戦武官が実際よりも数多くヨーロッパ戦線に派遣されていたならば、日本の軍人は近代戦の不可を認識していたかもしれない。

また私に限らず、戦史を専門に研究している人の多くは、「日本人ほど戦争に向いていない国民はいない」という。もともと日本人は、歴史上、対外戦争の経験が少なく、平和を愛する国民であり、戦争ばかり繰り返してきた欧米の民族とは、戦争に対する運命観がまったく異なるのである。いずれにせよ、第一次世界大戦以降、日本的組織が好む「情」という要素が戦争に入り込む隙はまったくなくなってしまった。

二十六歳の時、多聞はその苛酷な近代戦の渦中にいた。ドイツ軍のUボートによる無差別攻撃に手を焼いたイギリスは、日英同盟の誼で日本に船団護衛を依頼してきたのである。それを受けて巡洋艦「明石」を旗艦とする第二特務艦隊が地中海に派遣されることになり、多聞は第二十四駆逐隊の「樫」航海長に任命された。第二特務艦隊は護送任務の期間中、計三十六回の戦闘を体験し、このうち十一回は近距離からの攻撃を受けている。中でも、駆逐艦「榊」はUボートの攻撃を艦首に受け大破、艦長以下五十九名が戦死、十九名が負傷するという大きな被害を受けた。

ちなみに、多聞が航海長を務めた駆逐艦「樫」と僚艦「桃」は、イギリス国王から感謝状を授与されるほどの活躍を残した。イギリス商船がUボートの攻撃により大破したとき、「樫」

と「桃」は危険を顧(かえり)みず、乗員の救出にあたったのである。

このとき、多聞がヨーロッパ戦線で、間接的とはいえシビアな近代戦の現場を体験していたことは、彼の戦いに臨(のぞ)む覚悟(かくご)を固めるうえで大きな意味があったと思える。その苛酷な現実を知った上での「見敵必戦」だったのである。

あらゆるケースをシミュレートしておけ

話をミッドウェー海戦に戻そう。

よく知られているとおり、この海戦の運命を分けたのは、「利根(とね)」四号機の「敵ハ巡洋艦五隻、駆逐艦五隻」に続く、「敵ハソノ後方ニ空母ラシキモノ一隻伴(ともな)ウ」という電報に対する南雲司令部の対応であった。敵の機動部隊は出てこないとの〝思い込み〟に従って行動していた南雲司令部は、この報告にすっかり慌(あわ)ててしまい、陸用爆弾に兵装転換中の空母艦上機に、再度、艦船攻撃用への兵装転換を急がせるという、この海戦中、最大の愚(ぐ)を犯す。

そして、ここにこそ、多聞をめぐる最大の「もしも」があった。この状況をもはや座視(ざし)できないと考えた多聞は、「現装備ノママ攻撃隊直(ただ)チニ発進セシメルヲ至当(しとう)ト認ム」という有名な意見具申をするのである。「もしも」この意見具申を南雲司令部が採用していたら、その後の惨状は避けられたであろう。だが、南雲司令部は今度も多聞の意見具申を黙殺。そうこうするうちに敵艦載機に先を越され、多聞座乗の「飛龍」を除く三空母はたちまち爆撃され、炎上してしまう。やむなく多聞は残る「飛龍」一隻でもって決死の反撃に出ることになった。

もっとも、この多聞の有名な意見具申をめぐっては、果たして陸用爆弾で効果があったのかどうか、若干の議論がないわけではない。しかし私見を述べるならば、機動部隊同士の叩き合いでは、敵空母の飛行甲板をまず使用不可能にできればよいのであって、陸上爆弾でも十分にその目的は達成できたはずである。機動部隊の戦いでは先手必勝が何より大原則であり、果断が問われる。惜しむらくは、南雲司令部にはそうした航空戦の恐ろしさを十分に理解している者がいなかった。これは戦時においても、「年功序列」を重んじた日本海軍の組織的な限界であった。

しかし、敵艦載機の攻撃を免れ、ただ一隻残った「飛龍」を率いてからの多聞の指揮は、実に見事であった。わずかな攻撃隊によって第一次、第二次と敵空母「ヨークタウン」を連続攻撃せしめ、ついに航行不能に陥らせたのである（のちに日本の潜水艦の雷撃により沈没）。この多聞の奮闘がなければ、日本海軍はミッドウェー海戦で、アメリカ海軍にパーフェクト負けを喫するという汚名を後世に残したことであろう。

昭和14年(1939)6月21日、館山沖で終末公試運転中の空母飛龍

とはいえ、最終的には多聞の「飛龍」も敵艦載機の攻撃により炎上、指揮下の空母が一隻もなくなったため、艦長の加来止男とともに多聞は「飛龍」と運命をともにした。この多聞の最期に対しては、生き残って機動部隊の再建に尽くしてほしかったという意見もある。しかし、その潔い最期は多聞の武人としての生き方に即したものであり、現代人の価値観でとやかくいうべきものではない。あえていうならば、そのような覚悟と責任感を持っている人だからこそ、多聞は闘将になりえたのではなかろうか。

最後に、闘将・多聞の果断から、我々は何を学ぶべきなのだろうか。まずいえるのは、果断とはきちんとした状況判断によって行なわれるものであり、計算なしに腕力で勝負するだけの蛮勇とはまったく異なる。そのうえで、刻一刻と変化する状況において果断を可能にするのは、前もってありとあらゆるケースを可能性としてシミュレートし、対処法を考えておくことだろう。当初想定していなかったケースによって失敗を招くというのは、結局、油断や甘さにすぎないのである。

戦場における山口多聞は、そうした個人の弱さとは完全に無縁の、一人の紛れもない闘将であった。（談）

ネルソン、東郷、楠木正成……彼らの精神は何をもたらしたのか

渡部昇一

全国から厳選された文武両道の逸材が集い、
エリート教育を受けた海軍兵学校。
その卒業年次や席次の高い者から指揮官となるが、
彼ら秀才にはなぜか「闘志」に欠ける者が多かった。
そんな中、異色の存在だったのが山口多聞である。
あの烈々たる闘志はどこから生まれたのか。

前の戦争の敗因とは

戦前、旧制中学に入ることは、村によっては数年に一人出るか出ないかぐらいの快挙とされた。さらに、その中から文武両道に秀（ひい）でると自他ともに認める青年たちが学ぶところが、海軍兵学校であった。つまり、海軍兵学校に入学を許されるということは、将来の栄達を半（なか）ば約束されたようなものであり、未来のホープたちは、孤島江田島（えたじま）の全寮生活の中で、国家の柱石（ちゅうせき）として徹底的なエリート教育を受けた。山口多聞は、もし海軍兵学校に入れないようであれば、一高（旧制第一高等学校）に進んで外交官になり、東洋のビスマルクになるつもりだったという。

この海軍兵学校を優秀な成績で卒業した者が前の戦争を指揮したわけであるが、彼ら超エリートの戦いぶりには、今一つ闘志という点で欠けるところがあったようだ。ガダルカナル島の奪還をめぐってアメリカ軍と消耗戦（しょうもうせん）を演じ、次第に物量で押されるようになってしまった昭和十八年（一九四三）以降はともかく、むしろ戦力で敵軍に勝（まさ）っていたはずの開戦劈頭（へきとう）の段階でも、ハワイ作戦時に陸上施設を追加攻撃しなかったことをはじめ、日本海軍の戦いぶりはどこか腰が引けていた。いったい、この不甲斐（ふがい）なさはどうしたことなのか。

私は、真珠湾（しんじゅわん）攻撃やミッドウェー海戦時の第一航空艦隊参謀であり、戦後参議院議員となっ

江田島の旧海軍兵学校

た源田実氏をご自宅に訪ね、前の戦争の敗因について聞いてみたことがある。すると、氏はただひと言、「ネルソン精神を忘れたからだ」といわれたのである。

二十一歳に満たず艦長になり、四十七歳で戦死したホレーショ・ネルソンは、祖国イギリスというよりも、世界を代表する海軍提督である。サン・ヴィセンテ岬沖、ナイル、コペンハーゲン、そしてトラファルガーなど、数多の海戦で赫々たる武勲をあげ、その過程で隻腕、隻眼となる重傷を負った。「ネルソン精神」の何たるかは、彼が戦死する三週間前、四十七回目の誕生日に旗艦「ヴィクトリー」で指揮下の艦長を集めて述べた次の有名な訓示に見事に要約されている。

「旗艦が見えず戦闘の処置に困った時は敵艦に横付けして死闘を行なえ。それが私の意図に合致している」

混戦時は指揮権を各艦長に預ける、ただし、その際は自軍の損害を顧みずに敵を殲滅することだけを考えろという、壮烈な訓示である。これを聞いた艦長たちの中には、感極まって泣き出す者がいたという。

当のネルソンは、トラファルガー海戦でスペイン・フランス連合艦隊に舷々相摩すほど旗艦を接近させ、そのために狙撃されるも、自らの命と引き換えに祖国に大勝をもたらすという戦いぶりを演じた。私は海軍軍人を評価する場合、この「ネルソン精神」がある人を名将と判断するようにしている。昭和の日本海軍でいえば、その筆頭がほかならぬ山口多聞なのである。

当初は真珠湾攻撃に反対していた軍令部が連合艦隊司令長官山本五十六の強硬な態度に折れ、ハワイ作戦が承認されたのは、昭和十六年（一九四一）十月末のことである。多聞は空母「飛龍」の艦橋に第二航空戦隊の准士官以上を集めて次のような訓示をした。

「時局は重大な転機を迎えている。十年兵を養うは一にその日のためである。緊褌一番、実力の涵養に努めよ。戦場においては混戦となり、信号の届かない場面もあろう。その時は躊躇なく敵に向かって猛進撃すべし。それが司令官の意図に沿うものである」

この訓示が先のネルソンの言葉を引いてなされたものであることは明らかである。そうやって多聞は士官たちを奮い立たせた。なにより多聞はネルソンを尊敬していたし、先の訓示を座右の銘としていたほどだった。

ところが、多聞以外の指揮官はどうだったかというと、源田氏がいわれたように「ネルソン精神」という点では、疑問符がつく人が少なくなかった。たとえば、機動部隊の長官だった南雲忠一がもともとハワイ作戦に乗り気でなかったことはよく知られている。南雲は大佐時代から第一水雷戦隊時代までは勇敢な人だったが、ハワイ作戦時にはすでに昔日の闘志は失われていたとの厳しい評を読んだことがある。歳をとるとかつての潑剌さを急に失う人がいるが、あるいはそんなタイプだったのかもしれない。

戦艦「長門」におけるハワイ作戦の図上演習で、多聞は陸上施設の攻撃を何度も主張したが、南雲は黙ったままだった。連合艦隊司令長官山本五十六も陸上施設への攻撃を望んだが、ハワイ作戦に乗り気でない南雲提督と参謀長草鹿龍之介を送り出すために、現場の指揮官に任せるということで譲歩してしまったのである。

その山本であるが、航空母艦六隻でもって真珠湾の太平洋艦隊を叩くという戦史に前例のない壮大な作戦を立案したあたり、天才的な戦略家だったのは間違いない。そもそも、水雷出身の多聞をその闘志を見込んで航空畑に引っ張ってきたのは山本である。彼に人を見る目がなかったわけではないだろう。

だが、山本に本当の意味での「ネルソン精神」があったかどうかについては、実戦の中ではついぞ証明される機会を得なかった。なぜなら、山本はハワイ作戦時でも、その後、南太平洋やインド洋で繰り返された連合軍相手の海戦でも、決して前線に出ず、後方から指揮をとっていたからである。彼は連合艦隊司令長官として各方面全ての作戦を統括する必要があり、そのため前線に出られなかったという人もいる。とはいえ、ミッドウェー海戦では山本は戦艦「大和」に乗ってちゃんと作戦に参加しているではないか。ただし、機動部隊よりはるか後方の安全海域においてであったが……。山本に一度でいいから連合艦隊司令長官として陣頭指揮してもらいたかったと思うのは、私だけではあるまい。

この時、多聞は、戦艦部隊は防御力の弱い空母の護衛につくべきだと主張したが、司令部に容れられることはなかった。闘将・山口多聞の悲劇は、このように上官に恵まれなかったことにあるように思う。

秀才の弱さとは無縁の人

艦隊の指揮官クラス以上には、海軍兵学校の卒業年次、ないしは卒業時の席次（ハンモックナンバー）の高い者から就くことになっていたが、彼らに「ネルソン精神」に欠ける人が多かったのはなぜか。まず理由として考えられるのは、〝戦争は長期戦になる〟との思い込みが多分にあったため、敵を倒すよりも、艦を失ってはいけないという警戒心が先に立ってしまったからであろう。この点は大いに同情すべきであり、国を挙げて短期決戦を志向していた明治の海軍軍人と、その優劣を同じ土俵で論じることができないのも事実だ。

とはいえ、昭和の海軍軍人の戦いぶりを見て私がもう一つ感じるのは、いわゆる秀才の弱さが出てしまったのではないか、ということである。敵味方が相討つ予測不可能な混戦で問われるのは、なにより勇気のはずである。ところが、秀才型の高級軍人たちは、少しでも不利な要素が見出されると、見切りをつけてさっさと退却してしまうケースが多かった。その意味では、成績優秀（海兵の席次は百四十四人中二番）で育ちもよく、かつ「ネルソン精神」もあった多聞という人が、本当に稀有な存在であったことが分かる。多聞と他の海軍提督と何が違ったのだろうか。そこで私は、二人の人物の影響を挙げたい。

一人は、日露戦争時の連合艦隊司令長官東郷平八郎である。そもそも、多聞が海軍を志したのは、靖國神社から皇居に向かう日露戦争の海軍大勝利を祝う提灯行列に加わり、熱狂する大群衆の中で、第二の東郷になろうと誓ったのがきっかけだった。実は、その東郷こそ「ネルソン精神」の継承者であった。イギリスに留学中、彼はネルソン提督ゆかりの艦「ヴィクトリー」を訪ね、「英国は各自がその本分を尽くすことを期待する」との信号旗を見て感動したという。バルチック艦隊との日本海海戦に象徴されるように、東郷はあらゆる戦闘で艦橋に立ち、必ず陣頭指揮した。日本海軍を代表する名将の東郷と多聞がともに、「ネルソン精神」に学んでいたことは興味深い。

もう一人は、楠木正成である。もともと多聞という名は、正成の幼名多聞丸からとったものであるが、多聞は幼少の頃、父宗義から「楠公のような人になってもらいたい」と懇々と諭されたという。正成は、鎌倉幕府に対しては一人で千早城でがんばって、幕府転覆のきっかけを作った。また、自分の作戦が却下されたため、湊川で戦わざるを得なくなり、数万の足利尊氏軍を相手に手勢七百人を率いて出陣したが全滅し、弟の正季と刺し違え自害した烈将であった。

正成は足利の大軍と戦えば負けることは分かっていたが、天皇に忠義を尽くす道を選んで「今はこれまで」という決断で死んだのである。成人してからも、多聞の胸の中にはいつもこの東郷平八郎や楠木正成がいたはずである。それが多聞をして秀才が陥りがちな弱さから遠ざけ、戦いに臨んでは、困難にあっても一歩も引かない闘将にしたのである。

戦後、六十年余を経て、陸軍では硫黄島の栗林忠道が注目され、海軍では今なお山口多聞が日本人の胸から消えない理由は、真の名将とは何かを国民はちゃんと知っているからであろう。国を護るために逃げずに戦った人のことを、国民は永遠に忘れないものなのである。

敵空母を撃滅せんとす！
僅か飛龍一隻で、あくまで攻撃を止めず

秋月達郎

悪夢のような海原だった。日本海軍の虎の子の空母、赤城、加賀、蒼龍が一瞬にして被弾、大炎上している。しかし、それを横目に山口多聞は決然と意志を告げた。

「全機今より発進、敵空母を撃滅せんとす」

わが飛龍が健在である以上、勝負はまだついていない。その多聞の闘志は全乗組員に伝わり、小林大尉の艦爆隊、友永大尉の艦攻隊ら海鷲たちが、敵空母に襲いかかった。

敵に向かい、進撃せよ

さながら、地獄絵のようだった。洋上、三隻の空母が紅蓮の炎を噴き上げている。各空母には駆逐艦が接近し、退艦する乗組員を収容しようと努めている。空母は、第一機動部隊の旗艦赤城、加賀、蒼龍の三隻だった。このたびのミッドウェー海戦に参加した四隻中三隻が一挙に被弾炎上するなど、参加将兵の誰ひとりとして夢にもおもっていなかった。

そうした悪夢のような海原に、ただ一隻、無傷の母艦がある。第二航空戦隊の旗艦飛龍である。司令官は、山口多聞。多聞は即座に敵空母を攻撃すると決意して準備を急がせ、敵方との間合いを詰めるべく急進を命じ、機動部隊の司令部に対して、このように発信した。

〝全機今より発進、敵空母を撃滅せんとす〟

このとき、多聞が確認していた敵空母は一隻だけである。来襲機の数から二隻はいるだろうと推測できたが、その所在はいっこうに確認できなかった。また、飛龍に残っていた艦爆隊はすでに攻撃準備を済ませていたものの、艦攻はいまだ魚雷を装備中だった。

「急げ。敵空母が攻撃機を収容した直後こそ、わが方の好機だ」

多聞は指示し、準備の整った艦戦を全機、護衛につけた。かくして昭和十七年（一九四二）六月四日午前十時五十八分、第一次攻撃隊は、飛行分隊長の小林道雄大尉を指揮官として九九式艦爆十八機、零式艦戦六機の兵力で発進した。

艦爆に搭載された爆弾は、各機二百五十キロ爆弾一発。が、各中隊の第一小隊計六機は陸用爆弾で、その他十二機が通常爆弾を抱えていた。陸用爆弾は炸薬量が多いため飛行甲板に相当な被害を与えられるだけでなく、瞬時に爆発する。まずはこの目くらましのような爆発で敵の防禦砲火を制圧し、続いて通常爆弾により甲板を貫徹させ、敵艦内で大爆発させる。陸用爆弾を搭載したのは、右のような理由からだった。

「絶対に、敵空母を撃破するのだ」

昂揚した乗組員は口々に叫び、発進してゆく攻撃隊に帽子を振った。このときも周辺では、被爆した三空母が黒煙を高く上げながら燃え続けている。乗組員たちの悲壮感は推して知るべしであろう。むろん、第一次攻撃隊を発進させただけでは足りない。上空に警戒機を発進させて警戒を厳にしながら、多聞は、第二次攻撃の準備を急がせた。

「来襲した敵機の技量は、拙劣。航空戦は、かならず勝てる。敵に向かい、進撃せよ」

多聞は飛龍を驀航させ、十一時二十分、次の信号を全部隊に送った。

〝第一次発進機、艦爆十八、艦戦六。一時間後、艦攻九、艦戦三を攻撃に向かわしむ。飛龍はこのまま敵方に接近しつつ、損害機収容に向かう〟

多聞に見送られた第一次攻撃隊は、筑摩(ちくま)から発進していた索敵機(さくてきき)の誘導(ゆうどう)を受けながら進撃し、十一時五十五分、前方に敵空母を発見した。ヨークタウンである。距離三十浬(カイリ)（約五十六キロ）となった三分後、小林は、攻撃行動に移るべく上昇を下達(かたつ)した。が、高度二千メートル付近でＦ４Ｆ艦戦十二機に遭遇(そうぐう)した。空戦。瞬(またた)く間(ま)に、艦爆隊は敵戦闘機三機、艦戦隊は七機を撃墜(げきつい)。いよいよ士気を高めた小林は、部隊をひきいて敵母艦に肉薄(にくはく)した。

ところが、敵艦の防禦砲火は恐ろしいほど熾烈(しれつ)だった。これを掻(か)い潜(くぐ)り、十二時八分から四分間、敵空母を爆撃強襲した。戦果は、絶大。通常爆弾五発と陸用爆弾一個を命中させ、大火災を生ぜしめた。しかし、攻撃隊の被害も甚大(じんだい)だった。指揮を執(と)っていた小林機が撃墜されるや、艦爆十三機と艦戦三機を失うという大損害を出してしまったのである。

おれは、海軍の飛行機乗りだぜ

飛龍で采配(さいはい)を揮(ふる)っていた多聞は、小林たちの犠牲(ぎせい)を知らなかった。

〝敵空母炎上中。味方飛行機視界に無(な)し。われ、帰途(きと)に就(つ)く〟

という生き残った艦戦からの報に接し、艦長の加来止男(かくとめお)とともに喜びを溢(あふ)れさせはしたが、苛立(いらだ)ちも募(つの)らせていた。第二次攻撃隊の発進が遅れていたのである。

なにより、使用可能な飛行機が少なかった。損傷機の応急修理はタイヤ交換、昇降舵連結管交換、燃料タンク換装、燃料タンク修理、尾部修理など多岐にわたるが、一機でも多く兵力を増加しなければならない。多聞は全兵力を集中するよう修理を急がせ、収容した赤城の艦攻も攻撃隊に加えた。

「攻撃は、絶対に成功させねばならない。艦攻は鈍重、しかも小兵力。にもかかわらず、この真っ昼間に無疵な敵空母に対して攻撃を断行し、航空戦不能に陥らしめねばならない。敵の抵抗は熾烈なものと予測できるが、魚雷だけはなんとしても命中させるのだ」

この第二次攻撃隊の兵力は、飛行隊長の友永丈市大尉を指揮官とする艦攻十機、艦戦六機となっていた。艦攻は、爆薬量二百四十キロの九一式航空魚雷改三を搭載している。この攻撃隊が発進したのは十三時三十一分だったが、その直前、おもわぬことが判明した。

「友永機の燃料タンクが破損しているだと？」

ミッドウェー島攻撃の際に被弾したのだが、修理が間に合わず、片翼のタンクが使い物にならなくなっているという。これを知った第二中隊の橋本敏男大尉が、不安に包まれた表情で出撃を制止した。しかし、友永は嗤い飛ばした。

「目標までの距離は短い。大丈夫だ。それに、橋本。おれは、海軍の飛行機乗りだぜ」

海軍魂を持っているものは誰でも、任務のためには命の軽重など問題にしない。それが海軍航空気質だというのだが、橋本は不安だった。敵空母は二隻だという。それらへの攻撃だけではない。敵戦闘機との空戦もある。高速の場合、燃料消費量は甚だしく増大する。

「帰投できるのか」

そういいたかったが、敢然と攻撃に参加してゆく友永を見ると、なにもいえなかった。ただ、友永の決意は、決して特異なものではない。誰もが似たような覚悟で、発進した。生死の境にあって国を守ろうとする者たちの心境は、あまりにも悲壮だった。

この第二次攻撃隊が敵空母を発見したのは、進撃中の十四時三十分である。

〝艦爆（偵）よりの報告によれば、敵空母は概ね南北に約十浬の間隔にて三隻あり〟

という多聞からの報に接した三十分後のことだ。友永は、右三十浬をゆく空母を睨み据えた。艦体に炎が見られないことから、第一次攻撃隊が攻撃して火災を起こさせた空母とは別の物と判断した。が、この判断は実をいうと過ちで、すでに攻撃されたヨークタウンその物だった。敵機動部隊は空母一隻を中心とし、巡洋艦五隻、駆逐艦十二隻で半径千五百メートルの輪形陣を張り、二十四ノットで航行していた。付近の天候は晴、雲量四、雲高三千メートル、高度五百メートル付近に断雲があったが視界は七十キロにおよんでいる。

飛龍第二次攻撃隊の雷撃を受ける空母ヨークタウン

「突撃」

十四時四十分、友永は下令した。直後、F4F戦闘機三十機と遭遇した。制空隊はただちに空戦を開始、二機を失いながらも敵機十一機を撃墜するという大戦果を挙げた。一方、雷撃隊は防禦砲火を必死にかわしながらヨークタウンに肉薄していた。

このとき敵艦に魚雷を命中させたのは、橋本ひきいる第二中隊である。十四時四十四分のことだった。魚雷は敵空母の左舷中央部に二本命中し、水柱が噴き上がるや、煙突や艦の中央部から褐色の煙が立ち上った。そして四分後いきなり轟音が爆ぜ、高さ五百メートルに達するような大爆発が生じた。橋本は、この戦果をまのあたりにするや、十四時四十五分、こう報じた。

〝我、敵空母を雷撃す。二本命中せるを確認す〟

友永機を悲劇が襲ったのは、この瞬間である。敵の防禦砲火を受け、片翼の燃料タンクに引火し、翼が燃えた。友永機はあらかじめ覚悟していたようにヨークタウンの艦橋付近に突入、自爆した。以上は、第二中隊の丸山泰輔機の電信員濱田義一一等飛行兵の目撃によるが、尾部方向舵の指揮官マークから友永機であると判断したものだった。

「仇を討ってくれ……」託された戦闘帽

攻撃隊は十四時五十五分に集合して帰途につき、十五時三十五分に飛龍上空へ帰投、十分後には着艦を終えた。出撃した艦攻十機中五機を失う大損害だった。

しかし、多聞は「これで敵空母二隻を撃破した。残りは一隻である」と判断し、全軍に報じた。こうなれば、使用可能機をかき集めて第三次攻撃を急がねばならない。ただ、昼間に強襲撃破するのは難しいとし、攻撃に有利な薄暮まで待つことにした。このあたり、冷静な判断ともいえるが、十五時三十一分、多聞は次のとおり攻撃計画を報じている。

〝十三試艦爆により触接を確保したる後、残存全兵力（艦爆五、艦攻四、艦戦十）を以て、薄暮、敵残存空母を撃滅せんとす〟

このとき、天候は快晴、高度五百ないし千メートル付近に若干の雲。多聞は、第三次攻撃隊の発進を十八時と決めた。

ところが、薄暮攻撃隊の発進まで一時間と迫り、乗員に早めの夕食を取らせていた十七時一分、突如、敵SBD急降下爆撃機が十三機、太陽を背にして奇襲してきた。慌てふためいた上空警戒機がかろうじて四機撃墜し、対空砲火により二機を撃墜したものの、それが精一杯だった。飛龍は三十ノットを出して回避に努めたが、十七時三分、四発の命中弾を受けた。昇降機が吹き飛ばされて艦橋にぶちあたり、飛行甲板は見るも無残に炎上破壊され、発着不能となってしまったのである。

それればかりか敵の空襲はいよいよ激しさを増し、B-17も加わって十八時三十分頃まで続けられた。上空警戒機は必死になって防空戦闘をおこなったが効果は上がらず、空襲が終了して後、海上に不時着した。搭乗員の救助にあたったのは、味方駆逐艦である。

敵機が去った後も、飛龍は各部に火災をおこし、格納庫内でも爆弾や魚雷が誘爆していた。当初は速力を保ち操艦も可能だったが、しかし消火が進まない上に、浸水が止まらず、艦の傾斜は左一五度におよんだ。午後二十三時五十八分、ふたたび誘爆し、艦を救う見込みは失せた。加来艦長は多聞の許可を得て、午前二時五十分、総員の退去準備を下令した。

　この後、多聞は加来と肩を並べて艦橋から飛行甲板まで下り、以下のように訓示している。

「みなが一生懸命努力したけれども、このとおり本艦はやられてしまった。力尽きて陛下の艦をここに沈めねばならなくなったことは、きわめて残念である。どうかみんなで仇を討ってくれ。ここでお別れする」

　そして水盃、皇居遙拝、万歳唱和と続き、軍艦旗と将旗が下ろされた。乗組員は涙眼となって多聞と加来に向かい、退艦して下さいと要請した。が、多聞は聞き入れない。また、参謀たちは「艦に残りたい」と執拗に具申した。これも、多聞は許さなかった。

　午前三時十五分、加来は総員退去を下令し、御真影、負傷者、搭乗員の順に駆逐艦の風雲と巻雲への移乗をおこなった。このとき、多聞と加来は終始温顔、帽子を振りながら退艦者を見送った。

「好い月だなあ」

　と、多聞は天を仰いだ。

「艦橋で、月でも見ようではないか」

　加来をともなって階段に足をかけたとき、伊藤清六首席参謀が「なにかお別れに頂戴でき

被弾し放棄後、漂流する空母飛龍

るものはありませんか」と頼んだところ、多聞は振っていた戦闘帽を渡したという。聯合艦隊参謀長を務めた、多聞と同期の宇垣纏の『戦藻録』にも、似たような記述がある。このとき帽子を渡した多聞は「体が艦より離れるといかぬ」といい、参謀の手拭を受け取ったとある。

また多聞は、鹿江隆副長に「駆逐艦の魚雷で飛龍を撃沈するように」とも命じていた。巻雲に移乗した鹿江は九三式魚雷二本を発射してもらったが、一本だけ命中した。飛龍はその後も数時間にわたって洋上にあったが、やがて人知れず沈没した。多聞が加来と共にどのような最期を迎えたかは、わからない。

第三章 角田覚治と南太平洋海戦

角田覚治

部下への温情を兼ね備えた闘将

戸髙一成

「見敵必戦」の姿勢を貫く指揮官を「闘将」と呼ぶならば、
昭和の日本海軍で該当する数少ない一人が、角田覚治である。
ひと度空母決戦に臨めば、座乗する空母を敵艦にぶつける勢いで突進させ、
攻撃隊の猛烈な反復攻撃を実現させた。
「戦うときは徹底して戦う」のである。
一方、部下の命を救うためには自らの危険をも顧みなかった。
烈々たる闘志と部下への温情を忘れぬ現場指揮官。
角田覚治から、現代人は何を受け取るべきなのか。

山口多聞と並ぶ日本海軍の闘将

「見敵必戦」という言葉がある。ひと度会敵すればためらうことなく戦う姿勢のことで、日本海軍のモットーであった。この「見敵必戦」の気迫をもって、敵に果敢に立ち向かう指揮官こそ「闘将」と呼ぶにふさわしいと、私は考えている。実は昭和の日本海軍において、「闘将」タイプの人物は稀であった。しかしそうした中で、海軍中将・角田覚治は、ミッドウェー海戦で孤軍奮闘した山口多聞と並んで、真に「闘将」と呼ぶにふさわしい人物であろう。

太平洋戦争の勃発以来、空母龍驤に座乗し、南方作戦、インド洋作戦、アリューシャン作戦に従事した角田は、「見敵必戦」の精神を地で行く戦いぶりを見せて、次第に「闘将」としての評価を高めてゆく。そして、それを不動のものとしたのが、昭和十七年（一九四二）の南太平洋海戦（米側呼称、サンタクルーズ諸島海戦）であった。

当時、ミッドウェー海戦において虎の子の主力空母四隻を失うという大惨敗を喫した日本海軍は、勢いにのる米軍の反攻を許し、ソロモン海のガダルカナル島をめぐる攻防で激闘を繰り広げていた。日本には、歴戦の空母・翔鶴と瑞鶴が健在であり、雪辱を期していた。そのような情勢の中、昭和十七年十月二十六日、日米の機動部隊が再び激突したのが、南太平洋海戦であった。

日本の主力機動部隊は、南雲忠一司令長官率いる正規空母・翔鶴、瑞鶴、改造空母・瑞鳳。対する米機動部隊は空母エンタープライズとホーネットである。この時、角田は商船改造空母・隼鷹に座乗し、支援部隊として、主力から離れた位置で航行していた。

しかし、「敵空母見ユ」の報に接するや、敵方向への全速前進を命じ、速力で勝る周囲の味方巡洋艦を次々と追い抜いて敵に近づいていった。そして敵機動部隊との距離が、三百三十浬（約六百十一キロ）と、まだ艦上機の攻撃範囲外の遠方にあるにもかかわらず、角田は果敢に攻撃命令を下すのである。

この間、南雲の主力機動部隊はすでに米機動部隊と交戦し、旗艦翔鶴と瑞鳳が被弾炎上。やむなく、南雲は戦場を離脱し、指揮権を角田に移譲するのだった。

角田の「闘将」としての真価が発揮されるのは、まさにここからであった。普通、攻撃隊を発進させた空母は、敵機の攻撃を避けるために敵から距離を置くものだ。しかもこの時、味方の空母二隻が戦場から離脱し、形勢は不利であった。ところが驚くべきことに、角田は攻撃隊を発進させた後、なおも敵に向かって空母を突進させたのである。帰還する攻撃隊を一刻でも早く収容し、さらなる反復攻撃をかけるためであった。

危険を冒して空母を敵に近づけた効果は、早くも表われた。母艦が戦場から離脱したため、

第二航空戦隊司令官時代の角田覚治（前列中央）と幕僚たち

帰還できなくなっていた翔鶴の攻撃機を収容することに成功したのである。角田はその攻撃機をすぐさま発進させ、自艦から発進していた攻撃隊も収容しては再度発進させるという、反復攻撃を執拗にかけ続けた。

過酷な攻撃をパイロットに何度も強いるのは「非情」ともいえる。しかしこの時の角田は、たとえ航空機を全て失ったとしても、隼鷹を激突させてでも敵空母を撃沈させるという気迫に満ちていた。やる時は徹底してやるというのが、角田の信条なのである。そして、反復攻撃の甲斐あってホーネットを撃沈、エンタープライズを中破させるなどして、敵機動部隊に大打撃を与えた。

米軍の損害は空母一隻と駆逐艦一隻が沈没。空母一隻、戦艦一隻、軽巡洋艦一隻、駆逐艦一隻が中破。対する日本軍の損害は、空母一隻と重巡洋艦一隻が中破、空母一隻が小破で、それはまさに、角田の不屈の闘志がもたらした勝利に他ならなかった。

この海戦を知る人は、それほど多くはないかもしれない。しかしこの戦いによって、米軍の南太平洋における稼動空母が一時的に皆無になり、米軍をして「史上最悪の海軍記念日」と嘆かせた。それほどの勝利だったのである。

攻撃隊を発進させた後に、なおも敵空母に向かい踏み込んで戦った母艦指揮官は、日本の海戦史上、角田くらいではなかろうか。そのような、苦境にあっても自ら危地に踏み込んで進む姿勢こそが彼の戦い方であり、また生き方でもあった。

同期に「見敵必戦」型が多いのはなぜか

ところで、日本海軍に角田のような闘将が少なかった理由として、私は「構造的な問題」があったと考えている。それは、日露戦争以降、海軍が「ハードウエア志向」に陥っていたことだ。日本海軍は敵に勝る新鋭兵器、高性能兵器こそ、戦いの勝因と考えるようになっていた。それに伴い、人材も兵器を操作するためのいわば単なる「オペレーター」ととらえ、そのオペレーターを統率するための「理論家」として士官が養成されるようになった。その結果、実際の戦場で兵士を鼓舞して戦う指揮官が育たなくなってしまったのである。

大正十年（一九二二）のワシントン、昭和五年（一九三〇）のロンドンにおける海軍軍縮会議で、日本海軍が戦艦、空母の対米比率をことさら問題にしたのも、実は戦艦、空母の数が足りなければ戦えないという「ハードウエア志向」の表われといえよう。

そのような日本海軍にあって、角田の「見敵必戦」の精神を育んだものとは何であったか。

明治四十一年（一九〇八）に海軍兵学校に入った角田は三十九期だが、不思議なことに、同期には角田同様の「見敵必戦」の精神を持つ人物が多い。例えば、昭和十九年（一九四四）のレイテ沖海戦で、敵の猛攻に晒されながらもスリガオ海峡を突き進んだ西村祥治中将や、米軍が集結する沖縄を目指し、戦艦大和と運命をともにした伊藤整一中将などがいる。

彼らが似たメンタリティを持っているのは、おそらく偶然ではあるまい。彼らが入校する前年の明治四十年（一九〇七）、大型艦隊、いわゆる「八八艦隊」を整備する計画が立てられた。そのために大量増員されたのが角田世代であった。それだけに彼らは、「我々が海軍の次代を担うのだ」と燃えていたに違いない。

ところが、彼らが中堅将校になる頃には、ワシントン海軍軍縮条約が批准され、兵学校に入る生徒も漸減し、悔しい思いをすることになる。つまり彼らは、海軍の変転を身をもって味わった世代であり、さらに艦の数を減らされても国を護らなければならないという責任感が、彼らに軍人本来の闘志を掻き立たせたのではないだろうか。

誰よりも部下を大事にした男

とはいえ、角田は単なる猪突型の猛将では決してなかった。誰よりも部下の命を大事にする人であり、また、優れた統率力を持っていたのである。

こんな話がある。ミッドウェー作戦の陽動として、空母龍驤と隼鷹を率いてアリューシャン列島のダッチハーバーを攻撃した時のことだ。作戦中、隼鷹の艦上爆撃機一機の無線機が故障して位置を見失い、母艦に帰艦できなくなってしまった。これを何とか助けようとする角田は、敵に発見される恐れがあるにもかかわらず、敢えて危険を冒し、自分が率いる艦艇すべてに探照灯を空に向けて照射させたのである。残念ながら、艦上爆撃機を助けることはできなかったが、角田とは、戦場においては命を賭けて果敢に戦うが、同時に、一命を賭してでも部下を守ろうとする男だったのである。

また角田の闘将ぶりを表わすエピソードとして、インド洋作戦のおりに大砲で敵商船を撃沈した話が挙げられる。空母の大砲は破壊力が小さく、ほとんど対艦攻撃用に使われることはなかった。それを用いて敵を撃沈させたというのは、いかにも破天荒である。しかし、私はここに角田の優れた統率力を見るのである。おそらく、当時出番が少なかった砲員に実戦での砲撃の機会を与えたかったのだろう。砲員たちは、厳しい訓練はするもののめったに出番はない。そうした状況では、緊張感も失われるし、鬱屈も抱えやすい。そんな砲員たちに、実戦の機会を与えたのは、士気を保つうえでも非常に巧みな統率術といえよう。

テニアンで語った最期の言葉

南太平洋海戦勝利の立役者となった角田は、昭和十八年（一九四三）、第一航空艦隊司令長官に任ぜられる。

第一航空艦隊は、計画では千六百機もの航空機を擁する基地航空部隊で、敵をマリアナ方面に迎撃するために再編成された一大航空兵力だった。その司令長官に任ぜられるあたり、海軍の角田に対する期待が窺える。ところが蓋を開けてみると、集まった航空機は予定数には遠く及ばず、しかも、昭和十九年（一九四四）二月二十一日に将旗を掲げたテニアン島も、基地としての体をなしていない有様だった。

しかし角田の闘志は、いささかも屈するところがない。基地を整備する機械がないと、「岩盤が固かろうが、爪でひっ掻いてもやろう」と部下に語りかけたというのである。

またその翌日、米機動部隊を発見すると、「今は航空機を退避すべき」との反対を退けて、果敢に攻撃に出た。しかしこの時は、角田の積極性が裏目に出た。圧倒的な米軍に寡兵で挑んだために、航空機九十三機中、九十機を失うという、大損害が出てしまったのである。この攻撃命令に対しては、やはり退避させるべきだったという意見があるのも事実である。だが攻撃しなければ、先に攻撃され、むざむざと全滅した可能性もあった。角田が攻撃命令を下したのは、まさしくそうした状況を避けるためであった。

私が思うのは、人間には適材適所があるということだ。やはり角田は、基地航空隊の指揮官よりも、最前線で自らの身体を張って戦う母艦指揮官の方が真価を発揮できるというタイプであったのかもしれない。だからこそ、角田がマリアナ沖海戦の指揮をとっていれば、と想像せずにはいられない。

昭和十九年六月十九日のマリアナ沖海戦で、小澤治三郎率いる第一機動艦隊は、敵から離れた位置で攻撃隊を発進させる「アウトレンジ戦法」を採って米軍に惨敗を喫した。しかし角田だったら、「アウトレンジ戦法」ではなく、敵に対して踏み込んだ戦い方をし、たとえ敗れたにせよ、米機動部隊と相打つほどの結果をもたらしたのではないだろうか。

マリアナの敗戦直後、テニアン島隣のサイパン島が玉砕し、テニアンも米軍の攻撃に晒される。そしてついに、昭和十九年八月二日、角田はこの島でその生涯を閉じた。享年五十三。

テニアン陥落直前の角田の様子を伝える話が残されている。角田は、島内の民間人に玉砕しないよう訴えかけたという。角田は部下を大事にする男だったが、それ以上に「人間思い」の男だったのである。

一度戦場に立てば、任務遂行のために命を惜しまずに戦うが、その一方で人命も大事にする。そういうバランス感覚がなければ、組織は立ち行かない。その意味で、角田こそまさに、生身の人間を統率できる指揮官だったといえよう。

最後に、現代の我々は角田の生き方から何を学ぶべきだろうか。今の日本を見ると、リスクを計算した上で、それを回避するために、積極論、慎重論を足して二で割ったようなあいまいな結論が多い。それは、現場の最前線で責任を背負おうとする人間が少ないからだろう。

もちろん、リスクを計算することは悪いことではない。しかし、リスクを踏まえた上で、踏み込んだ決断をすることも時には必要であるはずだ。

今こそ角田のような、どんな苦境にも決して屈することのない、気迫を持った現場指揮官が求められているのではないだろうか。

（談）

日本の機動部隊、最後の勝利を呼んだ南太平洋海戦

松田十刻

昭和十七年十月二十六日午前七時二十分過ぎ、
南雲司令長官座乗の空母翔鶴が被弾し炎上、
サンタクルーズ沖にミッドウェーの悪夢が甦る。
南雲機動部隊は三隻の空母中二隻が損傷し、退避。
南雲自身も戦線離脱し、指揮を空母隼鷹の角田に託す。
「我、只今ヨリ、航空戦ノ指揮ヲトル」
敵機動部隊に向け隼鷹を驀進させる角田。
海戦史に残る猛攻が始まった。

甦るミッドウェーの悪夢

ガ島奪回を支援せよ

ミッドウェー海戦を機に本格的な反攻を期す米軍は、昭和十七年（一九四二）八月七日朝、日本海軍が飛行場を建設していたソロモン諸島のガダルカナル島（以下ガ島）、対岸のツラギ島への上陸作戦を展開した。

連合艦隊司令長官の山本五十六大将は、広島湾の主力部隊に出撃を命じた。

八月十一日、先陣を切って第二艦隊（司令長官・近藤信竹中将）が出撃。十六日には、第三艦隊も広島湾をあとにした。

第三艦隊は七月十四日、第一航空艦隊に代わって編制された機動部隊で、第一航空戦隊の空母三隻（翔鶴・瑞鶴・瑞鳳）、第二航空戦隊の空母三隻（飛鷹・隼鷹・龍驤）、戦艦（比叡・霧島）、巡洋艦、駆逐艦などから成る。

司令長官には南雲忠一中将が就き、角田覚治少将は第二航空戦隊司令官に補された。

南雲は比較的訓練が行き届いた翔鶴、瑞鶴、龍驤を率いて出撃した。角田は切歯扼腕の気持ちで内地に残り、隼鷹と飛鷹、瑞鳳の特訓を行なうことになった。

龍驤は軽空母だが、角田が開戦時からアリューシャン攻略作戦に至るまで座乗してきた歴戦の雄である。隼鷹の艦上にいた角田は我が子に声援を送るような心境で見送ったことであろう。

だが、龍驤は八月二十四日、機動部隊本隊の支隊として、ガ島のヘンダーソン基地を攻撃したあと、米空母サラトガから発進したドーントレス急降下爆撃機とアヴェンジャー雷撃機の集中攻撃を受け、撃沈された。

翔鶴、瑞鶴の攻撃隊は米空母エンタープライズを中破させ、艦上機二十機を撃墜したが、零戦三十機、九九式艦上爆撃機（艦爆）二十三機、九七式艦上攻撃機（艦攻）六機、水上偵察機三機を失った（第二次ソロモン海戦）。

角田は龍驤沈没の報を内地で聞いて悲憤し、さらなる闘志をかきたてた。

ガ島での攻防が続くなか、十月に入り、角田にトラック島進出の命令が下った。同島には連合艦隊司令部が進出し、旗艦大和、僚艦の武蔵も泊地に在る。角田率いる飛鷹、隼鷹、瑞鳳は十月四日、内地を出撃した。

日米の機動部隊が激突

大本営はガ島飛行場制圧のために陸軍第十七軍麾下の第二師団を投入した。

海軍は同師団の輸送、総攻撃を支援するため、前進部隊（第二艦隊、以下近藤部隊）と機動部隊（第三艦隊、以下南雲部隊）から成る支援部隊を編制していた。

角田率いる第二航空戦隊の飛鷹と隼鷹は南雲部隊ではなく、近藤部隊に配された（瑞鳳は南雲部隊）。

近藤部隊の第三戦隊（司令官・栗田健男中将）の戦艦金剛と榛名は、十月十三日から十四日にかけてヘンダーソン飛行場を艦砲射撃したが、壊滅させるには至らなかった。

近藤部隊は陸軍部隊の総攻撃を前に、ガ島からの哨戒機の索敵圏外に出て洋上補給を行ない、二十一日夕方から南下した。

途中、飛鷹の艦橋に「機械故障！」の知らせが入った。飛鷹と隼鷹は日本郵船の客船出雲丸、橿原丸として建造中に空母に改造されたため、主機械は一般の軍艦とは異なっており、熟練した操作が必要だった。

飛鷹は懸命な修理にもかかわらず戦線離脱を余儀なくされる。翌二十二日、角田は幕僚らとカッター（ボート）で隼鷹に乗り移り、近藤部隊唯一の空母として南下した。

この間、日米の機動部隊はサンタクルーズ諸島の周辺海域で、お互いに索敵機を飛ばし、警戒を強めていた。

米太平洋艦隊司令長官ニミッツ大将は十月十五日、南太平洋地域軍司令官のゴームレー中将を解任し、猛将で鳴るハルゼー中将に替えていた。

空母隼鷹の艦橋を斜め後方から見る。
特徴的な斜め煙突の形状がよく分かる

米機動部隊はホーネットと、修理を終えて戦線に復帰していたエンタープライズに加え戦艦、巡洋艦、駆逐艦二十数隻から成る。指揮官はキンケード少将である。

南雲中将はミッドウェー海戦の教訓から、前衛部隊（戦艦比叡、霧島など大小艦艇）を本隊南方に進出させ、南東方に牽制部隊（重巡洋艦や駆逐艦）を分派させたうえ、二段構えで索敵機を周辺海域へ飛ばした。

十月二十六日午前零時五十分（日本時間。現地時間は二時間進んで、午前二時五十分。以下同じ）、ソロモン諸島の東方にいた南雲部隊の瑞鶴前方に四発の爆弾が投下された。米軍の哨戒飛行艇が落としたものだった。

午前五時、ハルゼーはキンケードに攻撃を命令。エンタープライズから十六機の索敵機（急降下爆撃機）が発進した。

南雲は未明から二十四機の索敵機を飛ばし、攻撃隊の準備を整えさせた。

午前四時五十分、旗艦翔鶴の索敵機から「敵空母見ゆ！」との報が入った。位置は南東約二百五十浬（カイリ）（約四百六十三キロ）。

南雲はすぐさま攻撃隊の発進を命じた。午前五時二十五分、第一次攻撃隊六十二機（艦攻二十、艦爆二十一、零戦二十一）が三空母から飛び立った。指揮官は「雷撃の神様」の異名（いみょう）を持つ村田重治（むらたしげはる）少佐である。

第二次攻撃隊の準備中、米索敵機の一隊が襲来した。上空直衛（ちょくえい）の零戦が次々と撃墜したが、午前五時四十分、二機が瑞鳳に爆弾を投下し、一発が甲板（かんぱん）後部に命中した。瑞鳳は早々に戦場を離脱する羽目（はめ）になった。

第二次攻撃隊として午前六時十分に翔鶴隊、四十五分に瑞鶴隊が発進、計四十四機が米機動部隊へ向かった。

　これに対し、索敵機から連絡を受けたキンケードは攻撃隊の発進を命じ、午前五時三十分、ホーネットから二十九機、午前六時以降、エンタープライズから四十四機、二空母で合計七十三機が飛び立った。

「我、只今ヨリ、指揮ヲトル」

　角田率いる隼鷹と第十五駆逐隊（早潮、親潮、黒潮）は、連合艦隊司令部の命により、敵機動部隊発見と同時に南雲の指揮下に入った。隼鷹はガ島寄り西方に位置し、敵機動部隊とは三百三十浬（約六百十一キロ）離れていた。遠すぎて攻撃隊を発進できない。

「全速前進！」

　角田は「見敵必戦」の信念にもとづき発破をかけた。隼鷹は南東に針路をとり、疾駆した。巡洋艦よりも速度で劣る客船改造の隼鷹が周囲の艦艇を追い越してゆく。

　他艦の乗員の目には、さながら槍を構え颯爽と突進する騎馬武者のように映った。

　途中、B-17が襲来し、艦上機を空中退避させる騒ぎもあったが、被害はなかった。

　南雲機動部隊は午前七時二十分ごろから、ホーネット攻撃隊の来襲を受けた。上空では零戦が迎撃したが、それをまぬがれた急降下爆撃機隊が旗艦翔鶴を攻撃した。

翔鶴は飛行甲板後部に三発、右舷に一発の爆弾を受ける。一発は格納庫内で爆発し、飛行甲板は無残にめくれあがった。

火災が発生し、激しい火焔と黒煙がたちのぼったが、必死の消火作業で何とか消しとめた。だが、百四十四人が戦死し、飛行甲板は使用不能になった。将兵の脳裏にはミッドウェー海戦の悪夢が甦っていた。

そしてついに、南雲は機動部隊の指揮権を角田に渡し、司令部を駆逐艦嵐に移す。翔鶴は瑞鳳とともにトラック島へ回航されることになった。

角田が翔鶴被弾の電報を手にしたのは、第一次攻撃隊を発進させた後だった。午前七時十四分、第一次攻撃隊の発進を見送った角田は、眦を決して全軍に打電させた。

「我、只今ヨリ、航空戦ノ指揮ヲトル」

機動部隊の命運は角田に託された。

敵を徹底的に叩く！　壮烈な反復攻撃

第一航空戦隊の壮絶な闘い

隼鷹の第一次攻撃隊が発進する前、飛行長の崎長嘉郎少佐は、整列した搭乗員を前に、司令官角田覚治少将の思いを伝えた。

「一航戦（第一航空戦隊）の各攻撃隊はすでに発進している。本艦の位置は、敵機動部隊より三百三十浬。まだ飛行隊の行動範囲外である。だが、本艦は全速力で飛行隊を迎えに行く。諸子の奮闘を祈る」

隼鷹はその約束を守るべく、敵機動部隊をめざして猛進撃していた。

隼鷹の第一次攻撃隊は、山口正夫大尉が指揮する艦爆十七機と、総指揮官の志賀淑雄大尉が掩護する零戦十二機だった。午前七時十四分に発進した攻撃隊が、米機動部隊の上空に達するまでには二時間前後かかる。この間、第一航空戦隊の翔鶴、瑞鶴、瑞鳳を発進した攻撃隊は、米機動部隊と壮絶な闘いをくりひろげていた。

戦闘は次のような経緯をたどった。

村田重治少佐率いる第一次攻撃隊六十二機は、進撃途中、南雲部隊に向かう米攻撃隊と、二度にわたり遭遇した。二度目のとき、戦闘機隊長の日高盛康大尉は列機八機を率いて敵編隊に挑んでいった。これにより掩護の零戦は十二機に減ってしまった。

午前六時五十五分、攻撃隊は、ホーネットを中心にして周りを護衛の巡洋艦や駆逐艦が囲む輪形陣の米機動部隊を発見する。

村田は「全機突撃！」を命令した。艦爆隊、艦攻隊（雷撃隊）は果敢にホーネットめがけて急降下した。

ところが、上空で待ち構えていたグラマンＦ４Ｆワイルドキャット三十八機が立ちはだかった。攻撃隊は掩護の零戦が減っていたこともあり、次々に撃墜されてゆく。

グラマンの攻撃をかいくぐると、猛烈な対空砲火を浴びた。空母の高角砲や機銃が強化されていたうえ、周囲の戦艦、巡洋艦、駆逐艦が弾幕を張る。艦爆や艦攻は空中爆発したり、赤黒い煙を噴いて墜落してゆく。

村田は凄まじい弾幕のなかを突っ込み、魚雷を発射したが、次の瞬間、火だるまとなって撃墜された。真珠湾攻撃で雷撃隊総指揮官を務めた村田の壮絶な最期だった。

第一次攻撃隊だけで零戦九機、艦爆十七機、艦攻十六機の四十二機、実に七割近くもの艦

空母ホーネットに雷撃爆撃の同時攻撃を行なう日本軍機

上機が未帰還となった。

それでも捨て身の攻撃により、ホーネットに二百五十キロ爆弾六発、魚雷二本を命中させて大破、炎上させた。

関衛（せきまもる）少佐率いる第二次攻撃隊の翔鶴隊（零戦五機、艦爆十九機）は午前八時二十分、ホーネット上空に達したが、東南二十浬（約三十七キロ）に無傷のエンタープライズを発見し、そちらに襲いかかった。

だが、第一次攻撃隊と同様、グラマンの迎撃と、戦艦サウスダコタなど護衛艦の猛烈な対空砲火網に阻（はば）まれ、関搭乗機を含む十二機を失った。エンタープライズは甲板に三発の爆弾を浴びて中破したが、致命的な損傷は受けていなかった。

今宿滋一郎大尉率いる第二次攻撃隊の瑞鶴隊（零戦四機、艦攻十六機）もまた、エンタープライズを攻撃したが、艦攻一機が体当たりして駆逐艦一隻を損傷させただけで、今宿を含む艦攻九機、零戦一機を失った。

帰還した友軍機を隼鷹に収容

隼鷹の第一次攻撃隊はひたすら戦場へ向かって飛び続け、午前八時四十分、炎上して黒煙をあげるホーネットを発見した。

ほかに空母は見当たらない。艦爆隊指揮官の山口正夫大尉は、直下の敵艦隊を爆撃することを決め、隼鷹に打電した。

艦橋にいた角田のもとに、その時ちょうど索敵機からエンタープライズの機動部隊が近くの海域にいるとの報告が入った。角田はその機動部隊を探しだすように命じた。

隼鷹の攻撃隊はスコールのなかを飛び、午前九時十分、敵機動部隊を捕捉(ほそく)した。

「敵空母見ゆ!」

山口から連絡が入る。角田は躊躇(ちゅうちょ)せずに攻撃命令を下した。山口の「全員突撃せよ」の電文が艦橋にも伝わり、歓声があがった。

角田は奥宮正武(おくみやまさたけ)航空参謀と通信参謀にふり返り、「艦も飛行機もうまくなったなあ」と感(かん)慨(がい)深げに言った。猛訓練の成果だが、真価を問われるのはこれからである。固唾(かたず)を呑(の)みながら作戦の成功を祈った。

攻撃隊はスコールで視界が悪いなか、エンタープライズや、護衛の戦艦などに向かって急降下した。グラマンが現われ、零戦隊と激しい空戦になった。艦爆は熾烈（しれつ）な対空砲火網にかかって、無残に撃墜されてゆく。

結局、エンタープライズに至近弾一発、戦艦サウスダコタ、防空巡洋艦サンファンに一発ずつ命中させたにすぎなかった。

しかもこの攻撃で山口は戦死し、艦爆十一機が失われた。

残りの攻撃隊は戦場からひき返し、隼鷹のいる方角へ針路をとった。

隼鷹は依然（いぜん）として駆逐艦三隻を伴（ともな）っただけで、敵機動部隊に向けて進撃を続けていた。

「本艦は全速力で飛行隊を迎えに行く」

との約束を守るためである。

角田は米軍のハルゼーに負けず劣らずの猛将だが、人一倍部下思いである。

隼鷹にはレーダーがついていたが、低空飛行のために捕捉できなかった飛行機がこちらに向かってきた。艦内に対空戦闘の号令が走り、緊張が高まった。

その飛行機は第一航空戦隊の三空母から飛び立った味方の艦上機だった。第一航空戦隊で無傷なのは瑞鶴だけである。

隼鷹は信号で瑞鶴のいる方向を示した。次第に帰投する零戦、艦爆、艦攻の数が増えてくる。なかにはバンク（翼を振る）で緊急着艦を求める飛行機もあった。

角田は軍医官を待機させたうえで、着艦の許可をだした。かろうじて甲板に滑り込んだ搭乗員は負傷し、息もたえだえだった。

着艦を求めながらも脚の出ない飛行機には、駆逐艦に救出の準備をさせたうえ、近くに着水させて搭乗員を救いあげた。

反復攻撃を命じる

瑞鶴の飛行隊長、白根斐夫大尉も隼鷹に着艦してきた。白根大尉は南雲機動部隊の戦闘機隊指揮官を務めてきている。

角田は白根大尉が疲労困憊しているのを知りながら、第二次攻撃隊指揮官は彼しかいないと判断し、奥宮参謀から伝えさせた。

午前十一時六分、白根率いる零戦八機、艦攻七機の計十五機が隼鷹を飛び立った。

第二次攻撃隊は、重巡洋艦に曳航されている手負いのホーネットを発見した。入来院良秋

駆逐艦へ乗員を退艦させる空母ホーネット

大尉率いる艦攻隊が突撃し、魚雷を発射。その一本が命中した。ホーネットは大きく傾き、総員退艦が命じられた。だが、第二次攻撃隊も防御砲火のために大半が撃墜されてしまった。

角田の命令により、瑞鶴から第一航空戦隊の第三次攻撃隊となる十三機（艦攻六機、艦爆二機、零戦五機）が発進した。

第三次攻撃隊は、隼鷹の第二次攻撃隊にひき続き、ホーネットを攻撃する。田中一郎（たなかいちろう）中尉が率いる艦攻隊は、魚雷ではなく高高度から八百キロ爆弾を投じた。その一発がホーネットの飛行甲板に命中し、大爆発した。

同攻撃隊は全機が瑞鶴に帰投する。

隼鷹には、「迎えに行く」と約束していた第一次攻撃隊の生還機が着艦していた。

だが、零戦隊も艦爆隊も少ない。着艦した飛行機のほとんどが被弾しており、満足なものは少なかった。

角田はそれでも反復攻撃の必要があると考えた。敵機動部隊を叩けるときに徹底的に叩いておかないと、しっぺ返しを食らう。これまでの海戦がそのことを物語っている。

「航空参謀、何機使えるか見てきてくれ」

角田は奥宮に命じた。奥宮は格納庫に降り、収容されていた艦上機を調べた。隼鷹所属のもの、ほかの空母から着艦したものを合わせても艦爆四機、戦闘機九機しかない。

報告を受けた角田は心を鬼にして、第二航空戦隊としては第三次となる攻撃隊を発進させることを決めた。

指揮官には、ふたたび志賀淑雄大尉をつけた。志賀は真珠湾攻撃にも参加し、隼鷹では戦闘機隊長としてアリューシャン攻略作戦でも指揮を執っていた。

第三次攻撃隊は午後一時三十三分に発進。ホーネットの上空にはグラマンの姿はなかった。艦爆隊が浴びせた爆弾の一発は格納庫で爆発し、これが致命傷となった。

第三次攻撃隊はぶじ隼鷹に帰投した。

連合艦隊司令部からは、できればホーネットを鹵獲するようにとの指令が出ていたが、それは無理と判断された。

その夜、駆逐艦巻雲と秋雲が米軍の駆逐艦が葬ろうとしていたホーネットを発見。敵駆逐艦が逃げたことから魚雷を発射した。

ホーネットは初の東京空襲を行なったドーリットル隊を日本近海まで運び、ミッドウェー海戦にも参加したが、午後十一時三十五分、南太平洋に沈んだ。

角田が冷徹なまでの反復攻撃（第一、第二航空戦隊で六回）を命じなかったら、ホーネットにとどめを刺すことはできなかった。

角田はそれでも満足しなかった。まだ近くに別の機動部隊がいるかもしれない。翌日早朝を期して、さらに反復攻撃するために艦上機の修理を急がせた。

十月二十七日未明、隼鷹は瑞鶴と会合し、両空母から索敵機を飛ばしたが、敵艦隊を発見できなかった。護衛の駆逐艦の燃料も残り少なくなっている。

南雲中将からは反転集結の命令があり、角田はやむなくひき返した。正午過ぎ、指揮権をとりもどした南雲は駆逐艦嵐から瑞鶴に乗り移り、旗艦とした。

トラック島に帰投した角田は、南雲から直々（じきじき）に「ご苦労さん。ありがとう」と、万感の思いのこもった声でねぎらわれた。

アメリカのラジオは、「この日ほど悲惨（ひさん）な海軍記念日（二十七日）を迎えたことはない」と放送した。

米軍は一時、南太平洋に一隻の空母もないという状況に陥るが、やがて不死身ともいうべきエンタープライズが復帰するうえ、正規のエセックス級を中心に多くの空母が建造され、次々と戦線へ送り込まれる。

南太平洋海戦は日本の機動部隊が勝利した海戦としては最後となる。この海戦で日本軍は九十二機の艦上機を失い、歴戦の勇士を含む百四十人以上もの搭乗員が戦死した。

角田にとっても、一時的にせよ機動部隊の指揮を執り、思う存分に闘えた最初で最後の海戦となった。

第四章 中川州男とペリリュー島の戦い

中川州男

バンザイ突撃の禁止、相次ぐ御嘉賞と将兵の奮闘

早坂　隆

南洋の島、ペリリュー島。
約一万の日本軍守備隊に対し、
米軍の総兵力はおよそ四万二千人。
その中核は、米軍最強と謳われた第一海兵師団である。
彼我の戦力差は明らかであったが、
日本軍は島じゅうに張り巡らせた地下壕を駆使し、徹底抗戦を試みる。
驚異的な奮闘を指揮したのが、中川州男大佐であった。

パラオの発展に尽力した日本

西太平洋上に位置するパラオ共和国は、珊瑚礁に囲まれた美しい島嶼国家である。しかし、この「楽園」のような小さな島々にも苦渋の歴史がある。十九世紀後半以降、パラオはスペインとドイツに相次いで植民地とされ、島民たちは搾取と愚民化政策の対象とされた。

転機となったのは第一次世界大戦後である。大正九年（一九二〇）、国際連盟の正式な決定によって、パラオは日本の委任統治領となった。以降、日本はインフラ整備や産業振興、学校制度の導入など、様々な政策を実行。その結果、島民の生活レベルや識字率は大きく向上した。

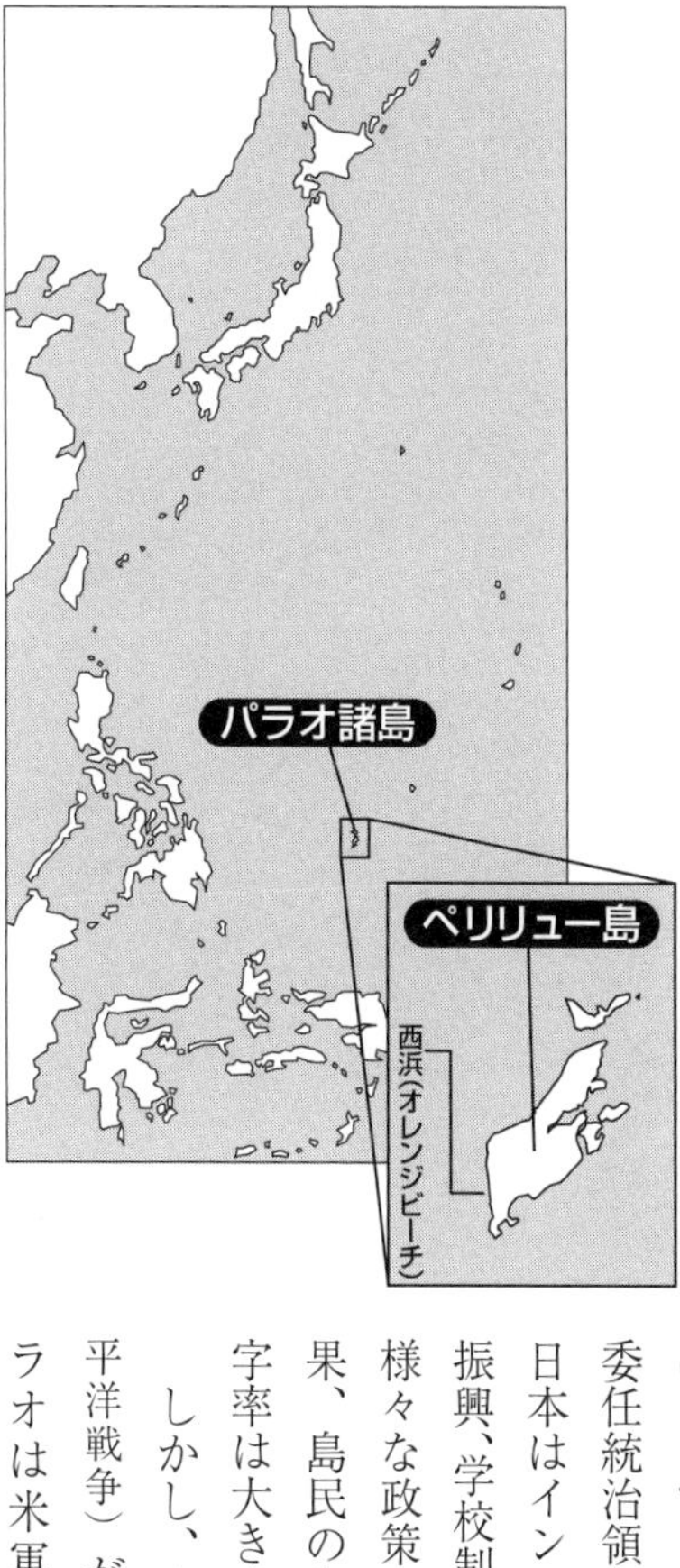

しかし、大東亜戦争（太平洋戦争）が始まると、パラオは米軍の標的となっ

た。フィリピン方面への攻撃拠点を求める米軍にとって、パラオ南端のペリリュー島にある大規模な飛行場は格好の存在であった。昭和十九年（一九四四）、米軍はペリリュー島への上陸計画を策定した。

これに対して日本軍は、ペリリュー島におけるそれまでの防備を根本から見直し、強力な迎撃態勢の構築を急いだ。

その指揮をとった現地司令官が、歩兵第二連隊長・中川州男大佐である。

中川は明治三十一年（一八九八）一月二十三日、熊本県の玉名郡で生まれた。一家は累代の熊本藩士という由緒ある家系だったが、明治になって武士の時代が終焉するとその生活は一変。中川の祖父や父は、学校や塾で国学や漢学などを教える教育者に転じた。ちなみに中川の父親である文次郎は、西郷隆盛率いる薩摩軍と共に戦った熊本隊の一員として西南戦争に参戦し、新政府軍と干戈を交えた経歴を持つ。文次郎はこの戦闘に敗れた後に、教育を生業とする道を歩むようになった。

そんな家風の影響であろう、中川の二人の兄も教育畑へと進んでいる。すなわち、中川家とは筋金入りの「教育一家」であった。中川も世が世なら素晴らしい教育者になったのではないか。

そのような環境で生まれ育った中川は、文武両道を地で行くような青年となった。口数は少ないが正義感が強く、純粋な性格であったと伝わる。地元の名門・玉名中学校（現・熊本県立玉名高等学校）に進学した中川は剣道部に所属し、多くの学友たちと共に汗を流した。学科では漢学が得意であったという。

そんな中川が卒業後に選んだのは、教師ではなく陸軍将校への道であった。成績優秀だった中川は、「陸軍を担（にな）う将校」を育成するための専門機関である陸軍士官学校に合格。熊本を出て上京し、同校で学ぶことになった。時は第一次世界大戦下であり、日本も国防の重要性が改めて意識された時期であった。また、元藩士といえども当時の中川家は経済的に困窮（こんきゅう）しており、そんな家族の生活を憂（うれ）う心境もあって、学費のかからない同校に進んだとも言われている。

同校では軍事学はもちろん、幅広い高等教育が実施された。

大正七年（一九一八）、同校を卒業した中川は、福岡県久留米（くるめ）市の歩兵第四十八連隊で本格的な軍隊生活に入った。大いなる希望を持って入営した中川であったが、その後は学校の配属将校といった「閑職（かんしょく）」に回された時期も長かった。エリート校である陸軍士官学校の卒業者とは言え、中川の軍人人生は順風満帆（じゅんぷうまんぱん）だったわけではない。

そんな中川の生涯において大きな分岐点となったのが日中戦争（支那事変）であった。中川は第二十師団歩兵第七十九連隊の大隊長として華北戦線に出征。この時の一連の戦闘において中川は冷静かつ巧みな指導力を発揮し、上層部から高い評価を得た。その結果、中川は連隊長の推薦によって、陸軍大学校専科への進学を許されたのである。

こうした経歴を見ると、中川という軍人は「挫折を知る」「現場からのたたき上げ」であったと言える。

陸大専科で学んだ中川はその後、独立混成第五旅団参謀などを経て、栄職である歩兵第二連隊長を拝命。茨城県の水戸を編成地とする同連隊は当時、「陸軍の精鋭」と呼ばれた部隊であった。

同連隊は満洲北端の嫩江に「対ソ戦の備え」として駐屯していた。中川も嫩江で一年ほど過ごしたが、昭和十九年（一九四四）三月、南方への転出が決まった。悪化の一途を辿る太平洋戦線において、米軍と雌雄を決するためである。日本軍は虎の子の「切り札」を、満洲から太平洋へ振り分けたことになる。

中川は「二度と戻れない」という覚悟をもって、南洋へと向かった。

歩兵第二連隊の行き先は、パラオ・ペリリュー島であった。

地下陣地の構築

四月、ペリリュー島に赴任した中川は、まず島内を隈なく自分の足で視察した。同島は南北約九キロ、東西約三キロの小島であるが、その地形は島の中央部に密林の山岳地帯が広がっており、かなり複雑であった。中川は地形に関する理解を深め、守備隊の防備について細部まで確認した。

中川はこの時、守備力の絶対的な不足を痛感した。米軍と正面からぶつかっても勝ち目はないであろう。そう見定めた中川が強力に推進したのが、島内の中央部に地下壕を張り巡らせる作戦であった。ペリリュー島には天然の洞窟や、リン鉱石の採掘場などが無数に存在していた。それらを拡張して繋ぎ合わせ、大規模な地下陣地を構築しようというのである。

このような作戦は東京の軍上層部でも議論されていたが、実際に現地を見た中川が具体案を仔細に取りまとめた上で、着実に具現化していった。「現場からのたたき上げ」である中川が何よりも重視したのは、戦闘が始まる前の「準備」であった。中川と言うと豪快で大胆な人物像が先行するかもしれないが、元部下たちの証言によれば、実際にはとても「細やかな性格」であったと伝えられる。優れた軍人の必須条件の一つには「用意周到であること」が挙げられるのではないか。

兵士たちは島の各地で昼夜兼行の掘削作業に追われた。ダイナマイトなどの火薬類が足りず、兵士たちはほぼ手作業で掘り進めた。中川はそういった現場を細かく巡回し、時には自ら作業を手伝ったという。参謀の中には後方で地図ばかり見ているような者もいたとされるが、中川は一貫して「現場主義者」であった。中川は部下たちから厚い信頼を寄せられていた。こうした人間関係を背景として、未曾有の規模を誇る地下陣地は完成した。

そんな中川がもう一つ徹底したことが「島民への疎開指示」であった。当時のペリリュー島には約八百人の原住民と、約百六十人の在留邦人が暮らしていた。中川は彼らに被害が及ばないよう、他島への疎開を命じた。

先のサイパン戦では、戦闘に巻き込まれた多くの住民が崖から身を投げる「バンザイ・クリフ」のような悲劇が生じていた。中川はそのような事態を回避したかったに違いない。

こうして迎えた九月上旬、米軍がついにペリリュー島への大規模な艦砲射撃と空襲を開始。その攻撃は「島の形が変わる」と言われるほど苛烈なものであった。もし事前に地下陣地が完成していなければ、この攻撃によって日本軍の守備隊は壊滅していたであろう。

同月十五日、アメリカの精鋭部隊である第一海兵師団が、ペリリュー島の西浜と呼ばれる海岸線一帯へと押し寄せた。この浜の米軍側のコードネームは「オレンジビーチ」。ウィリアム・ヘンリー・ルパータス少将率いる同師団は、ガダルカナル島やニューブリテン島などの激戦地を戦い抜いてきた歴戦の部隊であった。

日本軍はそんな米軍の大軍勢に対し、上陸部隊を充分に引き付けた上で激しい砲撃を加えた。それでも米軍の上陸用船艇（せんてい）やアムトラック（水陸両用トラクター）は、次から次へと殺到（さっとう）してくる。やがて海岸線では両軍兵士による白兵戦（はくへいせん）が始まった。美しい浜辺は、たちまち鮮血にまみれた。

この戦闘において、米軍側が驚いたことが一つある。それは日本軍がそれまでの戦場で見せてきた「バンザイ突撃」を繰り出してこないことであった。日本の軍中央はサイパン戦などの教訓からバンザイ突撃の効果に疑問を抱（いだ）き、慎重（しんちょう）な姿勢を見せるようになっていた。中川はこの意向を現地で部下たちに徹底させた。中川は突撃しようとはやる部隊を諫（いさ）めつつ、戦線を徐々に海岸線から後退させた。地下陣地を駆使しての持久戦へと持ち込むためである。

日米の精鋭部隊が激突する構図となった戦場は、以降も猖獗（しょうけつ）を極めた。米軍は自慢のシャーマン戦車（M４中戦車）を揚陸（ようりく）させ、制圧地の拡大を狙（ねら）った。日本軍も戦車部隊を投入したが、性能の違いは明らかであった。米軍は飛行場に目掛けて戦力を集中し、滑走路の占拠に成功した。

そんな戦場で実際に戦った一人である元陸軍歩兵第二連隊軍曹の永井敬司さんはこう語る。

「怪我を負った兵士が『ウーン』と唸りながら、戦友に『早く殺してくれ』と頼む。戦友は『わかった』ということで、軍刀で突き刺す。それはもうひどい状況でした。腕や足を吹っ飛ばされている兵士もいましたし、頭部がなくなっている死体もありました。『天皇陛下万歳』という絶叫も聞きましたね」

永井さんも右大腿部に重傷を負ったが、その後も戦場を駆けずり回った。やがて水や食糧も底をついた。兵士たちは飢餓に苦しみながらの戦いを余儀なくされた。

そんな戦いの背景にある動機とは何であったのか。永井さんはこう語る。

「日本を護るためですよ。内地で暮らす家族や女性、子どもを護るため。それ以外にあるはずがないじゃないですか。私たちは『太平洋の防波堤』となるつもりでした。そのために自分の命を投げ出そうと。そんな思いで懸命に戦ったのです」

太平洋を西進する米軍をこの地で阻止しなければ、フィリピン、台湾、沖縄、そして日本本土へと一挙に邁進してくるのは火を見るよりも明らかであった。祖国、故郷を護るため、多くの兵士たちが戦場に斃れていった。

サクラ、サクラ、サクラ

そんな日本軍の奮闘は、米軍の将兵たちを驚愕させた。実は当初、米軍側は「戦闘は二、三日で終わる」と予測していたのである。しかし、日本軍の果敢な戦いぶりは、米軍の計画を根底から瓦解させた。米兵の中には深刻なＰＴＳＤ（心的外傷後ストレス障害）を発症する者が相次いだ。

戦闘が長期化していく中、昭和天皇からは御嘉賞（御嘉尚）が相次いで贈られた。御嘉賞とは「天皇陛下からのお褒めのお言葉」である。昭和天皇は日々、ペリリュー島の戦況を深く憂慮されていた。昭和天皇はこの時期、毎朝のように、

「ペリリューはどうなった」

と御下問されたという。結局、御嘉賞は計十一回にわたって贈られたが、これは先の大戦を通じて異例のことであった。日本軍が執拗に死守するこの島のことを、米軍側は「天皇の島」と呼ぶようになった。

中川の父親である文次郎が、天皇の「征討の詔」によって賊軍とされた西郷軍側の一員であったことは前述の通りである。その息子が「天皇の島の指揮官」となったことは、日本史の糸が絡み合うような皮肉にも映る。

中川は部下たちを懸命に鼓舞した。傷ついた将兵たちには「ありがとう」「よく戦った」と優しく声をかけた。そんな中で中川は、敵軍の情報を細かく収集し、それらを冷静に分析した上で次々と指示を与えていった。

しかし、日米両軍における戦力の差は埋め難かった。約一万人の日本軍守備隊に対し、増援を続ける米軍の総兵力は延べ約四万二千人にも及んだ。米軍は火炎放射器やナパーム弾といった最新兵器も次々と投入した。

迎えた十一月二十四日、ついに中川率いるペリリュー守備隊はパラオ本島の集団司令部に向けて、訣別を告げる打電を行った。その文面の冒頭は、以下の言葉で始められていた。

サクラ、サクラ、サクラ。

それは「玉砕」の意味を表す符号であった。古来、日本人は桜の花の潔い散り際に、世上の美と儚さを投影する。

南海の孤島に桜が散った。

中川は地下壕内で自決し、四十六年間の生涯を閉じた。自決の方法については拳銃説と切腹説があるが、結論は出ていない。中川の遺体は米軍側に発見され、島内に埋葬されたと伝わるが、未だ見つかっていない。

ペリリュー島内に残る日本軍の戦車の残骸

その夜、ペリリュー守備隊は残存兵力で最後の総攻撃を敢行。「天皇の島」はこうして米軍の手に落ちた。

だが、実際の戦闘は、その後も完全には終わらなかった。最後の総攻撃の命令を受領できなかった一部の兵士たちが、そのまま徹底抗戦を続けたのである。その一人であった元海軍上等水兵の土田喜代一さんはこう語る。

「中川大佐が自決したとか、その時は何も知りませんしね。まだまだ戦いは終わっていないと信じていました。今聞くとおかしいと思われるかもしれませんが、その当時は『連合艦隊が必ず助けに来てくれる』と考えていました」

しかし、援軍は来ないまま、昭和二十年（一九四五）八月十五日、日本はポツダム宣言の受諾を玉音放送にて公表。こうして日本史上最大の戦争はようやく幕を閉じた。

だが、こうした終戦の報も、ペリリュー島の地下壕までは届かなかった。土田さんは言う。

「私たちは日本が敗れたことも知らず、ひたすら友軍の助けを待っているような状態でした。『米軍に見つかれば、必ず殺される』と固く信じていました」

土田さんたち残存兵三十四名が米軍からの呼びかけによって敗戦を知り投降したのは、実に終戦から一年半以上も経った昭和二十二年（一九四七）四月のことであった。

戦史叢書によれば、ペリリュー戦における日本軍の戦死者は一万二十二名。一方の米軍側も戦死者数千六百八十四名、戦傷者数は七千百六十名にも及んでいる。この数字は当時、米軍側にとって「建軍以来、最悪」と呼ばれた。

中川が実行した「地下壕を利用しての徹底抗戦」という戦い方は、その後の硫黄島や沖縄での戦闘にも活かされた。一方の米軍側は、日本軍の強靱さについて改めて見直す必要性に迫られた。以降、安易な「本土上陸論」には一定の抑制がかかった。

ペリリュー島という「楽園」での戦いは、日米戦全体の趨勢に大きな影響を与えたのである。

戦争に勝者も敗者もない……両陛下のパラオご訪問

現在、パラオ共和国に属するペリリュー島に
天皇皇后両陛下（現・上皇上皇后両陛下）がご訪問されたのは、
「戦後七十年」の節目の年だった。
島内にはいまだ二千二百柱（はしら）以上のご遺骨が残る。
戦争の痛みを忘れてはならない。

早坂　隆

「天皇の島」への一歩

平成二十七年（二〇一五）四月、日本の近現代史にとって大きな節目となる歴史的行事が挙行された。「戦後七十年」の一環（いっかん）として、天皇皇后両陛下（現・上皇上皇后両陛下）が初めてパラオ共和国を公式訪問されたのである。私はこの「慰霊（いれい）の旅」に同行取材することができた。

同月八日、東京には季節外れの雪が舞っていた。羽田空港を離陸したチャーター機は、四時間半ほどでパラオ本島のロマン・トメトゥチェル国際空港に到着した。真冬の寒さだった東京に比べ、同島は南国特有の湿り気を帯びた熱気に包まれていた。

空港では記念式典が催（もよお）された。空港からパラオの中心地であるコロールへ移動する際には、道路の両側に無数の群衆が集まり、日本とパラオの国旗を熱心に振ってくれた。

パラオの国旗は、青地に黄色い丸の「青海満月旗」である。「日の丸」と色違いであることの国旗は、一九八一年にパラオに自治政府が発足した際に制定された。

戦前の日本がこの地に行った統治は、今もパラオの人々から肯定的に受け止められている。多くのパラオ人が、

「日本とパラオは兄弟」

と口を揃える。

夜には晩餐会が行われたが、この席で陛下は次のように述べられた。

「先の戦争においては、貴国を含むこの地域において日米の熾烈な戦闘が行われ、多くの人命が失われました。日本軍は貴国民に、安全な場所への疎開を勧める等、貴国民の安全に配慮したと言われておりますが、空襲や食糧難、疫病による犠牲者が生じたのは痛ましいことでした。ここパラオの地において、私どもは先の戦争で亡くなったすべての人々を追悼し、その遺族の歩んできた苦難の道をしのびたいと思います」

その夜、両陛下は治安などの問題から、ホテルではなく海上保安庁の巡視船「あきつしま」に宿泊された。

翌九日、両陛下は大型ヘリコプターでペリリュー島に移動。あらかじめペリリュー島入りして滑走路で待っていた私たち同行取材陣の目の前で、ついに両陛下が「天皇の島」への第一歩を踏みしめた。その滑走路とは、まさにペリリュー戦における争奪戦の舞台となった飛行場の跡地であった。

その後、島の南端に位置するペリリュー平和公園で記念式典が行われた。穏やかな青空の下であったが、式典は厳かな雰囲気に包まれながら進められた。陛下は「アイランドフォー

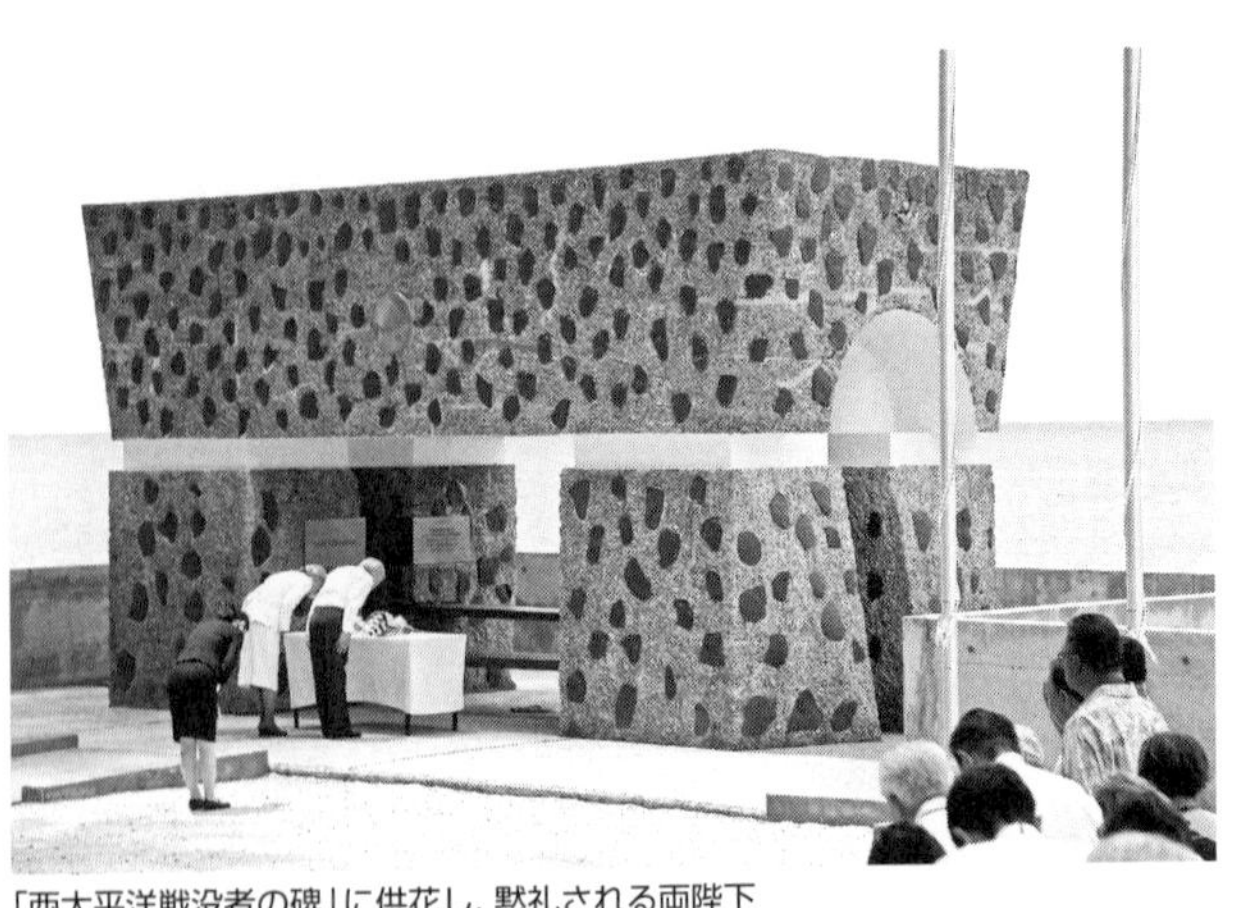

「西太平洋戦没者の碑」に供花し、黙礼される両陛下

マル」と呼ばれる白の開襟シャツにグレーのズボン、皇后陛下は上下白の正装であった。

両陛下は公園内に建つ「西太平洋戦没者の碑」に白菊の花束を一束ずつ手向けられ、深々と拝礼された。この場面をテレビ中継で観た記憶のある方も多いであろう。

その後、両陛下は参列者の方々と一人ずつ懇談された。その中には、かつてこの島で戦った土田喜代一さんの姿もあった。土田さんは九十五歳という高齢にもかかわらず、この式典に参加されていた。

陛下が土田さんの前まで来られると、土田さんは座っていた椅子から立ち上がろうとした。しかし、陛下は御自身が屈まれて、

「ご苦労さまでした」

と優しく声をかけられた。土田さんは引き締まっ

た表情のまま、ほとんど頷くことしかできなかった。

その後、両陛下は「米陸軍第八十一歩兵師団慰霊碑」をご訪問。慰霊碑に白い花輪を供えて黙禱された。両陛下の「慰霊の旅」では、常に国民の違いを超えて哀悼の誠が捧げられる。

両陛下はこうして一泊二日の旅を終えられた。私はそのままパラオに残って取材を続けた。

島内に残るご遺骨

ペリリュー戦で犠牲になった約一万人の日本兵の内、二千二百柱以上のご遺骨がいまだ島内に残されたままになっている。

遺骨収集は継続して行われているが、進展の妨げとなっている要因の一つが不発弾の存在である。不発弾の処理を終えた地下壕でなければ、遺骨の収集作業を進めることができない。

私も不発弾処理の終わった地下壕内に幾つか潜ってみた。入り口付近が黒く焼け焦げている地下壕が多い。これは米軍が火炎放射器を使って壕内の日本兵を焼き殺した痕跡である。

多くの地下壕は腰を屈めないと進めないほどの高さである。ヘッドライトの明かりを頼りに壕の内部をゆっくりと歩いて行くと、錆び付いた水筒や飯盒などが転がっているのが目に入った。

両陛下が献花されたペリリュー平和公園にも改めて訪れてみた。

「西太平洋戦没者の碑」のすぐ南側には美しい蒼海が広がるが、その岩場には幾つかの小石が空に伸びるようにして積み上げられていた。日本人の訪問者が慰霊の思いで積んだのであろう。その光景は、天照大御神が天岩戸にお隠れになった際、八百万の神々が集まったとされる天安河原の景観を想起させた。

私はこの時になってようやく、今回の両陛下のパラオご訪問もまさに「神事」であったのだと思い至ったのである。

パラオの人々の声

ペリリュー州の酋長であるイサオ・シゲオさんと面会することができた。パラオには伝統的な酋長制度が今も残っている。イサオさんはこう話す。

「戦争が終わって七十年も経った。ペリリューは美しい島。こんな島に戦争があったことを、日本人もパラオ人も忘れてはいけない」

パラオ共和国元大統領のクニオ・ナカムラ氏にもお話をうかがった。一九九三年から二〇〇一年にかけて同国の大統領を務めたナカムラ氏はペリリュー島の出身。父親が日本人、

地下壕内には日本兵の遺品か転がる

母親がペリリュー島生まれのパラオ人である。

ナカムラ氏が赤ん坊の時、一家はペリリュー島から疎開した。ナカムラ氏はこう語る。

「戦争の時、私はまだ小さかったので、疎開については覚えていません。しかし、一家で疎開したのは事実として聞いています。ペリリュー島の島民は、米軍の上陸作戦が始まる前に、日本軍の命令によって他の島に疎開しました。私の家族はパラオ本島のアイメリークという場所に疎開したという話です」

ナカムラ氏は力強い口調で次のように続ける。

「私は先の戦争、特に当時の日本軍とその行動については、昔から大きな関心を持っています。なぜなら、もしあの時、一家で疎開していなかっ

クニオ・ナカムラ元大統領

たら、おそらく私は今ここにいないのですから」

ナカムラ氏は戦争についてこう語る。

「戦争は人間の一部であり、争いを完全に避けることはできません。家族の間でさえ、争いごとは起きるものです。しかし、戦争に勝者も敗者もない。あるのは犠牲者ばかりです。アメリカが戦争に勝ったとはいえ、アメリカ人にも多数の戦死者が出ています。ペリリュー島のオレンジビーチには、毎年のようにやってくるアメリカ人の老婆（ろうば）がいました。その方の息子さんがオレンジビーチで戦死したという話でした。彼女は息子さんのＩＤタグを探し続けていたのです。もちろん、日本にも大変な被害が出ました。そして、戦争の舞台となったペリリュー島は何だったのでしょう？　私たちパラオ人は？　勝者も敗者もないのです。それでも人間は歴史を忘れてしまう。パラオでも若い人たちは、戦争についてあまりよく知りません。大事なのは『忘れてはいけない。そして許す』ということ。『戦争の痛みを忘れず、その上で相手の過ち(あやま)を許す』という態度です」

平成三十年（二〇一八）十二月にペリリュー島で実施された遺骨収集では、推定十二柱のご遺骨が収容された。同年度内に現地ですでに収容されていたご遺骨を含め、延べ四十五柱が島内で焼骨された後、祖国への帰還を果たした。四十五柱は東京都千代田区の千鳥ケ淵(ちどりがふち)戦没者墓苑(ぼえん)に引き渡された。

両陛下のパラオご訪問から五年が経った令和二年（二〇二〇）三月には、ペリリュー島に新たな記念碑が完成した。それは両陛下がペリリュー島を慰霊のために訪問したことを伝える記念の石碑であった。記念碑は両陛下が拝礼された「西太平洋戦没者の碑」の脇(わき)に設置された。

「天皇の島」で何があったのか。これからも丁寧(ていねい)に語り継いでいかなければならない。

第五章

栗林忠道と硫黄島のサムライたち

栗林忠道

米国を知悉していたゆえに……
不遇の「理性派」陸軍中将

保阪正康

昭和三年（一九二八）からのアメリカ留学で、
栗林忠道（くりばやしただみち）はその桁違い（けたちが）いの国力を知り、
徹底した合理主義を学ぶ。
栗林の一貫した理性的な行動や決断は、
この時の経験が大きく影響していた。
しかしそれはまた、昭和陸軍内の主流から
外（はず）れることも意味したのである。

「非主流」を意味したアメリカ駐在

「道を横切るには御父さんは、何時も何時も非常に注意せねばならない。それは沢山行き交いしているからだ。アメリカには自動車が沢山あります」（長男に宛てた絵手紙より）

　栗林忠道がアメリカから、当時四歳の長男太郎に宛てて送った絵手紙が、四十数点残っている。栗林はその中でユーモラスな自筆の絵をまじえながら、普段の暮らしぶりや、愛車シボレーK型でドライブに出かけたこと、街に高層ビルの建ち並ぶ様子などを知らせている。同時に街中を走る車の数の多さや、高層ビルや地下鉄が走る巨大な都市の様子に驚きを隠していない。

　米国に留学していた昭和三年、栗林は三十七歳の陸軍騎兵大尉であった。昭和五年（一九三〇）四月までの約二年間、ボストンのハーバード大学で聴講生として語学や米国史を学び、さらに米陸軍の施設のあるテキサス、カンザスでは軍事研究を、そしてワシントン、ニューヨークなどにも滞在してその見聞を広げた。栗林の対アメリカ観は驚きから次第にこの国のもつ潜在力に気づいていった。

　しかし昭和陸軍にあって、アメリカなどの英語圏に駐在するということは、ある意味をもたされていた。陸軍士官学校における外国語教育はあくまでドイツ語が中心であり、続いて

栗林忠道が長男の太郎に宛てた絵手紙

フランス語、ロシア語などで、英語にはあまり力を入れていなかった。そのため英語を得意としたのは陸軍幼年学校からの進学者ではなく、主に一般中学で英語を学び士官学校に進んできた者だった。陸軍きっての英語上手とされた本間雅晴は佐渡中学卒だったし、長野中学卒の栗林もまた、その典型であった。

実際に一般中学出身者が任官後、英語に強いという理由で英語圏に駐在させられる一方、ドイツ語とドイツ陸軍の伝統を重んじる教育を受けて、幼年学校→士官学校→大学校→ドイツ留学へと進んだ者は、陸軍内部ではエリートと見なされ、軍中央での出世も約束されていた。これに対して一般中学→士官学校→アメリカ駐在のコースをたどる者は、一般的には陸軍内での非主流の存在と位置づけられがちだったのである。その結果、アメリカの実態をつぶさに観察して、「アメリカの実力を侮るなかれ」と声を大にした栗林ら駐在武官の意見は、陸軍上層部でほとんど顧みられることがなかった。むしろ弱気すぎると批判されることのほうが多かった。これが昭和陸軍の組織的な問題でもあった。

痛感したアメリカの桁違いのパワー

栗林がアメリカ滞在中の昭和四年（一九二九）十月、ニューヨーク証券取引所で大暴落が起こり、大恐慌が始まった。しかし、栗林の手紙からは、それほど不況の様子は伝わってこない。むしろ困窮した状態に陥りながらも、徐々に立ち直っていく力強いアメリカのニューディール政策の予兆と、高い水準の工業力に目を向けている。

「アメリカの軍事と工業の繋がりは素晴らしい。デトロイトの自動車工場を見学したが、ボタン一つ押すだけで全工程が動く。そしてその実業家が陸海軍の長官となって、軍需工場で軍の裏づけを進めている」

と彼は語っている。これと似た話が海軍の山本五十六にもあり、「アメリカの工場の、煙突の数を数えてきたまえ」と口癖のように言っていたという。山本も栗林とほぼ同時期の昭和二年（一九二七）、米国に滞在しているが、彼が連合艦隊司令長官として真珠湾を攻撃する直前まで、アメリカとの戦争の回避を強く望んでいたことはよく知られている。

一九二〇年代から三〇年代にかけてのアメリカは、資本主義体制が進んでいたこともあり、良し悪しは別として「大衆社会」が現出している。大量生産、大量消費、大量伝達の時代を迎え、栗林や山本は、アメリカ社会の凄まじいエネルギーを目のあたりにして、日本に戻ったのである。第一次大戦が終わって軍備は緊縮し、工業力は自動車など平時の生産に向けられ、日常ではダンスを楽しむなど生活享楽主義的なムードがアメリカ社会では蔓延している。禁酒法が成立するとともに、マフィアの暗躍が始まるのもこの頃であった。そんな混沌とした社会の中に身をおいていた栗林や山本が、アメリカの桁違いのパワーを否応なく痛感したことは容易に想像できることでもあった。

しかし、ほぼ同時期にアメリカに滞在しながら、栗林や山本とは全く異なる印象を抱いた軍人も少なからず存在した。たとえば栗林より三期下の陸軍士官学校二十九期で、昭和十三年（一九三八）の国家総動員法の議会審議では「黙れ」と議員に圧力をかけた佐藤賢了である。佐藤は栗林と入れ違いの昭和五年に渡米しているが、彼の目に映ったのは「だらしのない」アメリカであった。

　一例を挙げると米軍では、いったん軍務を離れれば上官とも分け隔てなく親しく接するが、佐藤はそれを、けじめがないと受け止めた。またアメリカ海軍を視察した際、水兵が休憩中に、軍艦の砲などに腰掛けて雑談を交わしている姿を見て、信じられなかったという。日本では軍艦や兵器は天皇からの大切な預かり物であり、椅子代わりに座るなどもってのほかだったからだ。

　さらにはガムを嚙み、非番にはダンスに興じる享楽的なアメリカ軍将兵の姿勢を馬鹿にしていた。彼らの精神力は脆弱であるというのであった。そのあげくに伝統のない米軍と日本軍とでは精神力に格段の差があり、いざとなったら日本軍の方が圧倒的に強いと結論づけてしまったのである。

　佐藤賢了がこのような判断を下したのは、アメリカ社会の表面を見ただけで、その内部に入ろうとしなかったゆえのことであった。実際の米軍は、歴史の浅い国の軍隊だからこそ機能的・システム的にまとまっているといえた。情報の収集・分析に積極的で、それを作戦に活かす点では、ドイツ軍などよりもはるかに柔軟で、時代の変化に即応する体制をつくりあげていたのである。しかもその軍事力は途方もない工業力に裏打ちされており、いざという時には戦時体制に切りかえた力を一つの方向にまとめることができた。

米国と米軍の実情を客観的に見つめ、冷静に分析して上層部に報告していた将校は、栗林をはじめ陸軍には少なからず存在したが、いわば「理性派」とも呼ぶべき彼らは陸軍主流派ではなかったために主要ポストから外され、代わりに「アメリカなにするものぞ」という精神主義偏重の佐藤賢了に代表される将校が、陸軍を動かした東條英機の懐刀となって、陸軍の組織をリードする結果になった。このため、昭和十年代の陸軍中枢のアメリカ観は極めて歪んでしまった。

何をもって陸軍「理性派」とするのか

昭和十八年（一九四三）、栗林は陸軍中将・留守近衛第二師団長に任ぜられた。ひと言でいえば、留守部隊の師団長は閑職であった。戦時下で彼のような人物が中枢に立てなかったところに、昭和陸軍の人事システムの欠陥があったのだが、もし栗林ら陸軍内の「理性派」の人々が軍中央の要職に就いていたならば、少なくとも太平洋戦争そのものが、もっと異なった戦略をもったであろう。

私がここでいう「理性派」とは、精神論に逃げこまず、そして戦力の不備を補うのに、戦略や戦術を練りあげるタイプをさしている。もとより生来の気質に加えて、客観的に彼我の分析を行なう能力は、アメリカ留学で学んだプラグマティズム（実用主義）に端を発していたのだ。

あえて「理性派」の戦いのひとつを挙げれば、栗林が指揮した硫黄島の戦いだった。

栗林は、昭和十九年（一九四四）五月に硫黄島守備部隊の司令官を命じられるが、これは東條のたっての依頼であったといわれている。しかし現実には、東京に残っている将官が少なかったために、東條としては特別の期待もなく、そのポストを要請したと考えられる。

昭和二十年（一九四五）二月十九日からの硫黄島上陸戦で、米軍のホランド・スミス海兵隊中将が、硫黄島を五日で落とすつもりでいたことはよく知られている。守備する日本軍約二万に対し、米軍は制海権、制空権を握った上で上陸部隊がおよそ六万、後方には十万を超す支援部隊が控える圧倒的な兵力差があったからだった。しかもそれまで島嶼を守備する日本軍指揮官は、判で押したように水際で突撃をかける戦法をとったので、これを豊富な火力で粉砕すればあとは短期間で占領できると考えた。しかし硫黄島を守る栗林は、従来の指揮官とは二つの点で異なっていた。

まず一つは、空爆と艦砲射撃という圧倒的な火力の支援がある以上、水際迎撃は味方の損害ばかりが大きいと冷静に判断し、それまでの日本軍伝統の戦法を捨てた。そして自らの発案で大規模な地下壕を掘り、地下要塞に籠りながら上陸してきた敵を内陸地域で叩くことにした。この作戦に米海兵隊は大いに苦しみ、日本軍守備隊は予想よりはるかに長い約四十日にわたりもちこたえることができた。軍において前例否定はなかなか勇気のいることだったが、栗林は自らの信念にもとづいて決断し、それを断固実行した。

二つ目は、無謀な万歳突撃の厳禁である。敵陣に斬りこむ万歳突撃は一見勇壮だが、火力に勝る米軍が相手ではほとんど自殺行為といっていい。それに自軍の戦力を損ねるだけであった。にもかかわらず大本営が突撃や玉砕を賞賛したのは、その戦争観が歪んでいたからである。

しかし栗林は、硫黄島で求められるのは鉄壁の守備であり、敵兵をすり減らし、できるだけ長く組織的に戦い続けることが重要と部下たちを説得し、徹底させている。いわば大本営作戦参謀の精神論の姿勢を否定したことになり、何のために戦うのかを明確にして、将校や兵士たちに示したことになる。

このように栗林の発想と判断は、極めて理知的、合理的であり、また実行にあたっては躊躇なく旧弊を捨てた勇気ある行動でもあった。私が彼を陸軍「理性派」の中でも抜きんでていると評するのは、このためである。栗林はその最後に、合理主義の徹底したアメリカ社会から学んだことをそのまま実践したともいえた。

あえて付け加えておくが、私のいう陸軍「理性派」とは、戦争に反対した軍人という意味ではない。歴史の流れを見れば、あの時代の戦争には避け得ない側面がある。そうした歴史の流れや状況下で、しかも陸軍というシステムの中で、いかに理知的に考え振舞(ふるま)ったか、とくに困難な問題に直面した時に、安易(あんい)な精神論に逃げず、正面から現実と向き合えたか、ということが重要である。

いざという時に、理知的、理性的に振舞うことができるか……。これは現代にも通じる重要な問題だ。栗林のような人物が見直されるのは、時代がようやく真実の価値に目を向ける余裕が出てきたということかもしれない。昭和の軍人といえば多分に感情的、情念的で、二言目には「陛下のために」を口にしたイメージがあるが、その一方で「理性派」と呼べる軍人が、少なからず存在したのも事実であった。そうした人物に今後さらに目を向けることで、私たちはより深くあの時代を理解できるようになるだろう。そして、戦時下にも間違いなく存在した日本人の「良識」に、勇気づけられるのではないだろうか。

全島要塞化に米軍戦慄！苛酷な持久戦に臨んだ気高き男たち

秋月達郎

「米軍の砲爆撃は硫黄島には通用しないのではないか」

ホランド・スミス海兵隊中将は、恐れ慄きながらつぶやいた。

実際、島そのものを消し去るような猛烈な艦砲射撃や空爆に、日本軍が構築した地下陣地はびくともせず、全島要塞と化していたのだ。

そして陣営では、総指揮官の栗林をはじめ、戦車聯隊を率いるバロン西や、米大統領を書簡で叱責した市丸海軍少将らが、冷厳に生死を見据えながら、己の誇りをかけた戦いを挑むべく、静かに魂を昂ぶらせていた。

要塞化された詩情豊かな島

これほど美しい島の名が、他にあるだろうか。

島はそもそも帝都に属しており、旧かなづかいでは、

——いわうたう。

と、表記された。

岩が歌っているのである。

もちろん、命名の基は明治二十二年（一八八九）から採掘が始められた硫黄で、島の表面はあらかた硫黄の堆積物に蔽われている。すなわち火山島であり、擂鉢山という火砕丘をもつこの島は、いつなんどき、爆発してもおかしくない。

実際、島が東京府小笠原支庁硫黄島村と制定された昭和十五年（一九四〇）にも、水蒸気爆発が見られた。また全体に地温が高く、多くの噴気地帯や硫気孔がある。海岸段丘や断層崖も少なくなく、現在も活発な隆起が続いている。つまり、活きているのである。岩が歌っているというのはそういうことで、詩情豊かな掛け詞になっているといっていい。

そんな帝都最南端の島に第一〇九師団長に親補された栗林忠道中将が進出したのは、昭和十九年（一九四四）六月八日のことである。栗林が最初にしたことは、師団司令部を父島に

置くべきという周囲の意見を退け、直接に指揮の執れる硫黄島に設置したことだった。理由は「小笠原諸島中、硫黄島には最良の飛行場があり、最も重要な戦略的価値を有する。敵の攻撃目標も硫黄島であろう」というもので、極めて明快である。

また栗林は、進出後速やかに島内の視察を行ない、ひとつの結論に達した。水際配備のみでなく、縦深配備が必要という結論だった。

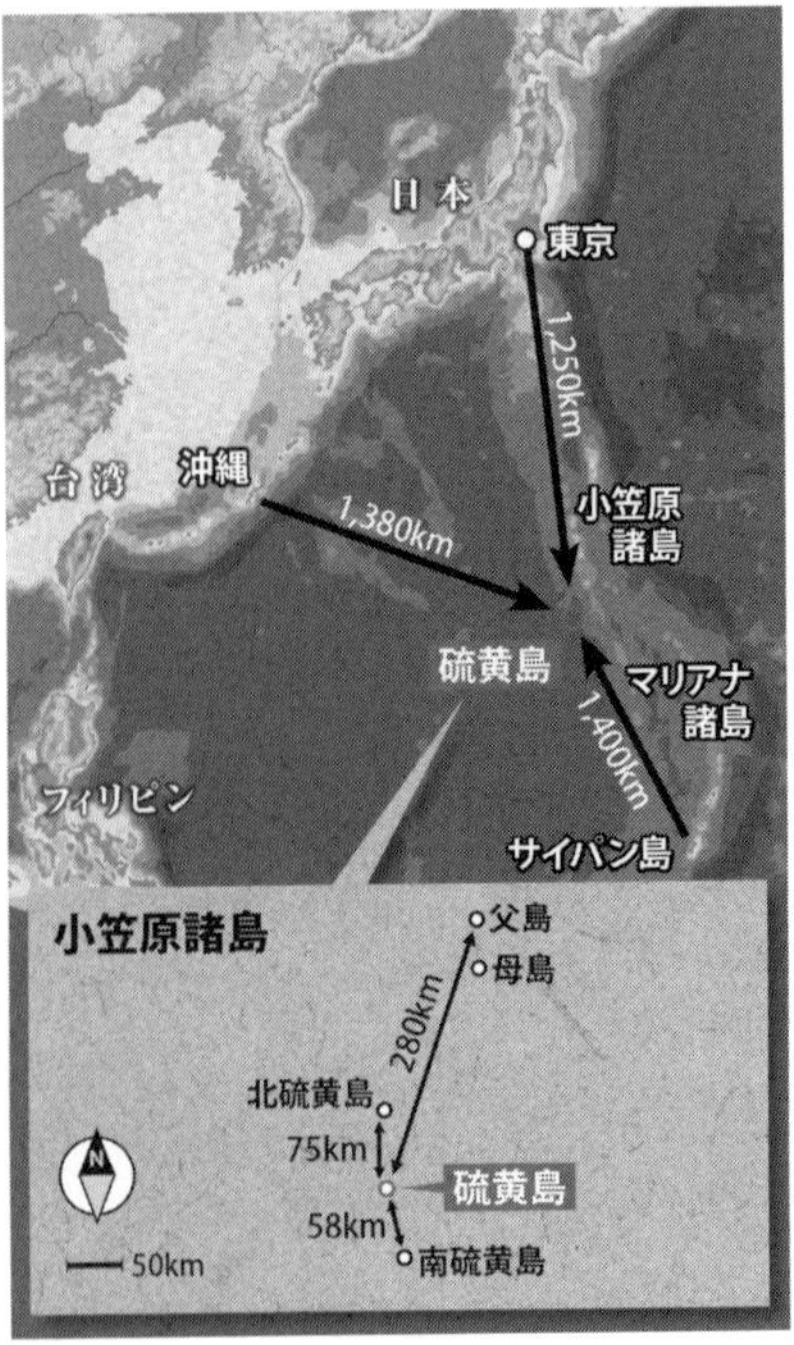

おなじ頃、大本営もまた「優勢なる敵の砲爆撃下に於て過早に兵力を水際に配置し敵上陸に先立ち半身不随に陥るが如きは大いに考慮を要す。寧ろ敵上陸の当夜其の橋頭堡固からざるにあたり計画統一ある夜襲を以て一挙に敵を撃破するを可とせずや」と指導し、小笠原及び硫黄島方面が本土防衛の外殻地帯として極めて重要

な戦略的地位を占めるようになってきたことから「小笠原地区集団を小笠原兵団として七月一日零時以降大本営直属とする」戦闘序列を令した。

これらにより、栗林は小笠原兵団長となって島の防備計画を変更することとした。

すなわち「摺鉢山、元山地区に強固な複郭拠点を編成し持久を図ると共に強力な予備隊を保有し、敵来攻の場合、一旦上陸を許し、敵が第一（千鳥）飛行場に進出後、出撃してこれを海正面に圧迫撃滅する」という構想だった。

だが、上陸した敵の目をかいくぐって邀撃を行なうには、島を縦横に駈け巡るための連絡路が必要となる。路は最後の最後まで米軍に遮断されてはならない。果たしてそんな路が存在するかといえば、あった。地下である。それも陣地の地下一〇メートル附近を貫通する洞窟式交通路で、昭和十九年十二月下旬から準備が、翌年一月下旬から構築作業が始められた。

たった五トンしかないダイナマイトの他はすべて人力で、ツルハシを揮い、スコップで掘り、モッコで運ぶのである。しかも通常の土地と違い、硫黄に蔽われたこの島は至るところからガスを発生させ、ときに洞窟内に充満する。このガスと焦熱のため、掘削作業は遅々として進まず、防毒マスクのない兵たちが作業する場合など、三分交代でツルハシを揮わなければならない過酷さだった。

この洞窟式交通路は建設途中で米軍の上陸を迎えてしまったために予定の六割しか完成しなかったが、それでも総延長で一八キロメートルという想像を絶する長さまで掘り進められた。しかも、実質作業はおよそ一カ月というから、島にあった陸海軍の将兵ことごとくが手を携えたにせよ、その作業能力は人間ばなれしている。全島を要塞化しようとした栗林以下の精神力の凄まじさを如実に物語るといっていいが、この連絡通路は実戦においても大いに威力を発揮した。

米軍は、硫黄島の攻略日とした二月十九日までの七十四日間で、第七空軍のB-24を中核とした爆撃編隊を投入し、約二七〇〇個六八〇〇トンに及ぶ爆弾を投下した。さらに大西洋から回航させた戦艦も加えて二月十六日から三日間もの艦砲射撃を続行した。それは、島そのものが軍事地図から姿を消してしまうほどの凄まじさだった。実際、ホランド・スミス海兵隊中将は一本の草木も無くなってしまった島の表面を眺めて「ダンテの神曲の挿絵のようだ」とも歎息した。だが、これだけの攻撃を受けても、地下洞窟はびくともしなかったのである。

日本軍はこの人工洞窟を縦横に利用し、破壊された陣地を次々に復旧させた。爆撃当初に四五〇を数えていた陣地が、攻略予定日には七五〇カ所に増えていることが、その証である。

この防備力の凄さに、ホランド・スミスは心底から慄えあがり「米軍の砲爆撃は硫黄島には通用しないのではないか」と恐れ慄き、従軍していた記者に「わが軍の被害は二万を超えるかもしれない」と洩らした。

ロス五輪のメダリストたち

これだけの地下洞窟を構築した栗林の指導力は想像して余りあるが、栗林には文人将軍としての一面もある。妻子と交わした膨大な数の手紙も、玉斧を乞うた辞世の句などが見られる電文や訓示なども、そうした資質を色濃く伝えているが、出色といえるのが歌である。昭和十四年（一九三九）に発表された『愛馬進軍歌』や翌年の『暁に祈る』が、それだ。

前者は、当時陸軍省兵務局馬政課長だった栗林が「愛馬の日」に発表する歌を全国から募集し、北原白秋、西條八十、土井晩翠、斎藤茂吉などの詩人や、古関裕而、山田耕筰、中山晋平らの作曲家とともに選定したものだが、栗林自らが添削を行ない、久保井信夫の歌詞に「とった手綱に血が通う」という部分を補ったとも伝えられる。

また後者は、陸軍馬政局が愛馬思想普及のために松竹で映画『暁に祈る』を制作することになった折、その主題歌となった。このとき、陸軍馬政課長だった栗林は作詞者の野村俊夫に実に七回もの書き直しを命じた。野村にしてみれば大変な労作となったが、栗林の拘りの賜物か津々浦々まで知れ渡る大ヒットとなった。

右は馬を愛した栗林らしい逸話といっていいが、馬繋がりともいうべきひとりの佐官がいる。満洲は牡丹江から戦車第二十六聯隊を率いて異動してきた西竹一である。元枢密顧問官の西徳二郎の三男。庶子であったが、十一歳の時に父が他界したことで男爵家を継いだ。

馬術家でもあった西には、別な名がある。その家柄から、「バロン西」と呼ばれた。もっとも、そう呼んだのは米国人で、西が昭和七年（一九三二）に催されたロサンゼルス五輪の馬術大障害競技で、見事に金メダルの栄冠に輝いたことによる。

西は愛馬ウラヌスを馬事公苑に遺して鋼鉄の馬に乗りこみ、硫黄島で奮戦した。西の率いる戦車聯隊は、三五〇メートル四方を敵に包囲されながらも尚、死闘を続行。ときに戦車を土中に埋めて砲塔とし、ときに擱座した米軍の戦車を奪いとって砲撃を繰り返した。しかし、絶体絶命の窮地に追いこまれ、北部の本隊に合流しようとした際、無念の致命傷を負ったために自決している。

この西とともにロス五輪に出場し、水泳の一〇〇メートル自由形で五輪のタイ記録を叩き出し、銀メダリストとなった青年がいる。江田島出身で、五輪当時は慶應大学の法学部に在

昭和7年(1932)、ロサンゼルス・オリンピック馬術大障害で金メダルを獲得した西竹一

籍していた河石達吾(かわいしたつご)という。河石は五輪出場の翌年、江田島の海軍兵学校で水泳の指導にあたり、大学を卒業してからは電力会社に勤めたが、二度にわたって召集された。二度目に配属されたのが独立混成第十七聯隊第三大隊で、階級は中尉だった。当部隊は昭和十九年七月七日、小笠原兵団へと配置された。しかも第三大隊の進出した先は、奇(く)しくも西の進出していた硫黄島だった。

部署されたのは北地区、つまり栗林司令部の防備が主な任務だった。このため、島内における戦闘では最後まで栗林の身近にいたことになる。ただし、戦没した日時と場所について正確なところはわからない。戦死公報に「三月十七日、硫黄島にて戦死」とあるだけだった。

『ルーズベルト二与フル書』

ところで西には、硫黄島での挿話がある。バロン西の名声を惜しんだ米軍がマイクによる投降勧告を行ない、なんとか助命しようとしたというものだが、これについて事実確認はできない。しかしながら、不特定多数に向けた投降勧告は、日本軍が徐々に追いこまれてゆくに従い、毎日のように続けられていたらしい。

だが、これに応じるものはいなかった。たとえばゲリラとなって洞窟に潜み、栗林が戦死して島が陥落した二カ月も後の五月十二日まで抵抗し続けた小隊がそうである。この部隊は、連日連夜に及ぶ投降勧告にもまったく応ずる気配を見せず、やがて総指揮官のレイモンド・スプルーアンスに対して一通の遺書を打電した。以下に記す。

『閣下の私達に対するご親切なるご好意、まことに感謝感激に堪えません。閣下より戴きました煙草も肉の缶詰も、ありがたく頂戴いたしました。お勧めによる降伏の儀は、日本武士道の慣いとして応ずることはできません。もはや水もなく食もなければ、十三日午前四時を期し、全員自決して天国に参ります。昭和二十年五月十三日。日本陸軍中尉浅田真二。スプルアンス提督殿』

凜とした名文といっていい。また、いまひとり硫黄島に散華した海軍少将が、あたかも岩

硫黄島の海軍部隊を閲兵する市丸利之助守備隊長

が歌うような手紙を遺している。手紙の宛先は、米大統領ルーズベルト。題名は『ルーズベルトニ与フル書』である。日文・英文ともに書き記したのは市丸利之助といい、硫黄島の海軍部隊を指揮していた。共通の趣味をもっている栗林とは、陣中において和歌のかけあいをして時を過ごしたこともあった。

市丸はその若き日、操縦していた練習機が墜落し、瀕死の重傷を負った。以来、操縦士として飛ぶことは叶わず、桜の杖とともに軍人の道を歩んできたが、一機の飛行機もない硫黄島において陸戦を指揮し、そして散った。書を認めたのは散るまさに寸前のことである。

『日本海軍市丸海軍少将、書をフランクリン・ルーズベルト君に致す。我今我が戦ひを終るに当り一言貴下に告ぐる所あらんとす』

という米大統領を名指した出だしから、

『貴下は真珠湾の不意打を以て対日戦争唯一宣伝資料となすと雖も日本をして其の自滅より免るゝため此の挙に出づる外なき窮境に迄追ひ詰めたる諸種の情勢は貴下の最もよく熟知しある所と思考す』

と、いう喝破を経、

『大東亜共栄圏の存在は毫も卿等の存在を脅威せず却って世界平和の一翼として世界人類の安寧幸福を保障するものにして日本天皇の真意全く此の外に出づるなきを理解するの雅量あらんことを希望して止まざるものなり」

と、意見を開陳し、

『卿等今世界制覇の野望一応将に成らんとす。卿等の得意思ふべし。然れども君が先輩ウイルソン大統領は其の得意の絶頂に於て失脚せり。願くば本職言外の意を汲んで其の轍を踏む勿れ』

と、結んだ。

この書は、昭和二十年七月十一日になってようやく米国内の各新聞に掲載され、大々的に報じられた。新聞の中には「ルーズベルトは日本の提督の書簡で叱責された」と報ずるものまで現われた。厭戦（えんせん）気分に包まれている米国市民に大いに受け入れられたであろうことは充分、想像できる。

しかしながら栗林といい、西といい、河石といい、浅田といい、さらにこの市丸といい、沖天（ちゅうてん）に衝（つ）きあげるような魂の昂ぶりと、おのが死を見据える冷厳きわまりない心境はどうだろう。これについて、筆者は批評する言葉を見つけられない。

三十六日にわたる死闘！
彼らは何のために戦い続けたのか

野村敏雄

昭和二十年（一九四五）二月十九日、米軍、硫黄島に上陸開始。
日本軍将兵は「敢闘の誓い」を胸に、死よりも苦しい戦いに挑む。
「日本本土への空襲を一日でも遅らせるために……」
勝敗の行方は見えていても、その思いが全軍を奮い立たせた。
激闘実に三十余日。栗林は最後の総反撃に出ることを決断する。
「予は常に諸子の先頭に在り」の言葉通り、
その先頭には階級章を捨て去った栗林の姿があった。

太平洋上の最後の砦

いったいあの戦争は何だったのか、戦時を体験した日本人ならば、誰でも一度は自分に問いかけたに違いない。

空襲で家を焼かれ、帝国最後の兵士として軍隊生活を経験し、兄弟の一人を戦死で失った私も、骨身(ほねみ)に沁(し)みている一人である。その意味でも硫黄島の戦闘は、単に過ぎ去った戦史の一頁(ページ)とは今も思えない。

米軍が硫黄島へ上陸したのは昭和二十年二月十九日だが、その頃の日本は一般市民の間でも「我方(わがほう)ノ損害極メテ軽微(けいび)ナリ」といった大本営(だいほんえい)発表を本気で信用する者はほとんどいなくなっていた。いずれ硫黄島も玉砕(ぎょくさい)すると、誰もが感じていた。

私が入隊したのは、すでに硫黄島が陥落(かんらく)した後の四月十日だが、軍隊では新兵に支給する小銃も帯剣(たいけん)もないありさまで、「本土決戦」どころか、負けた後の日本はどうなるのか、そっちの方を心配する人たちが多かった。

内地の人々さえ敗戦を予感する中で、硫黄島の守備隊・栗林兵団長以下二万二千の将兵は、米軍の本土進攻を少しでも遅らせようと、血みどろの死闘を続けたのである。

栗林中将が硫黄島へ着任したのは前年の六月である。その頃の硫黄島は火山台地ながら草や木も生え、メジロが飛び回る姿が見られたが、米軍が上陸した今は島の様相は一変していた。上陸以前から米軍は激しい艦砲射撃と空爆を休みなく続けてきたが、このため地上は一木一草もなく掘り返され、摺鉢山は四分の一が吹き飛んでいた。

上陸した米海兵隊の一人は、その島を眺めて戦友に言ったという。

「この島に俺たちと戦う日本兵は残っているのか」

どっこい日本兵は元気だった。砲爆撃があると地下十数メートルでも人間が飛び上がる壕の中でじっと耐え、敵が去ると地上へ出て、破損を受けた陣地を手早く修復してきた。

栗林の作戦は、これまで島嶼の守備部隊がとってきた水際作戦を排し、いったん敵の上陸を許して、後方陣地へ引き付けてから反撃するという持久戦法だった。サイパンもテニアンも水際で敵を迎え撃ち、短時間に全滅しているからである。

そのために地下壕と各陣地を繋ぐ地下通路の構築が急がれた。物量を注ぎ込んだ米軍の猛砲爆撃は予想済みだったが、一メートルも掘ると硫黄ガスと熱風が噴き出し、異臭で息が詰まる壕掘りは困難を極めた。

「工事は三分間交代で……褌一つで汗だくだくである……」

栗林の言葉がある部下の日記に残るが、地下壕のおかげで米軍の損害は予想を上回り、戦闘も予定よりはるかに長引いたのである。

　上陸に当たって米海兵隊の指揮官は、従軍記者を集めて「硫黄島は五日で陥ちる」と公言したが、栗林が最後の総反撃を命じて玉砕するまで、じつに三十六日を費やしたのだ。

栗林中将という日本人

　上陸の翌日、地上は小雨交じりの冷たい強風が吹いていた。水が出ない火山島は雨水が飲料水である。嵐であろうと北風であろうと、将兵たちには恵みの雨である。

　朝、敵の砲爆撃が始まる前に、栗林は司令部壕から地上へ出て、詩を吟じるのが習慣だった。朗詠と和歌と馬術が栗林の趣味といえば趣味である。

　その頃、各部隊では兵隊たちが「敢闘の誓い」を高らかに唱和する。それが一日の始まりだった。「誓い」は栗林が全軍の士気を高めるために各隊へ配布したものである。

一　我等は全力を奮って本島を守り抜かん
一　我等は爆薬を擁きて敵の戦車にぶつかり、之を粉砕せん
一　我等は挺身敵中に斬込み敵を鏖殺せん

一　我等は一発必中の射撃に依(よ)って敵を撃ち斃(たお)さん
一　我等は各自敵十人を倒さざれば死すとも死せず
一　我等は最後の一人となるとも「ゲリラ」に依って敵を悩まさん

生きて帰れる戦いではない。将兵たちも承知している。そんな戦場ではいっそ潔(いさぎよ)く戦ってパッと散りたくなるものだが、栗林はそれを許さなかった。最後の一人になっても生きて戦えと命じるのである。

だが「敢闘の誓い」は命令ではない、呼びかけである。すべてが命令で決まる軍隊ではめずらしい例といえる。上級指揮官が誠意と愛情を込めて兵に呼びかけるとき、日本の兵隊たちは無条件で従(つ)いてくることを、栗林は知っていた。

栗林は将校には厳しいが、兵隊には優しかった。内地から兵団長宛(あて)に送ってくる野菜なども、自分は口にせず兵に分け与えた。食事も将校と兵の差をつけず、自分も兵と同じものを食した。また「壕掘り作業中は上官が来ても敬礼しなくてよい」といった通達も出している。兵隊たちが兵団長閣下の細かい配慮(はいりょ)と思いやりに気づかぬはずはなかった。

戦前アメリカに駐在して、アメリカの国力を知悉(ちしつ)していた栗林は、当時から日米戦争には

硫黄島で当番兵らに囲まれる栗林忠道中将

反対で、そのために硫黄島へ回されたとさえ言われたが、硫黄島着任後も機会を捉えて、大本営に和平交渉を進めるように、意見具申するほどの平和主義者でもあった。

だが戦闘となれば別である。どうすれば米軍を苦しめ、少しでも長く彼らを島へ釘付けにできるかを全身全霊で考えた。

その日の激戦では、摺鉢山の陣地を守備していた部隊長が、敵戦車砲の直撃をうけて壮烈な戦死を遂げた。正午ごろには敵戦車隊が高砂台へ猛進し、千鳥飛行場が早くも米軍の手に落ちた。日本軍も反撃し米軍にもかなりの損害と死傷者が出た。

翌二十一日は、御楯特攻隊三十二機が本土から飛来し、敵空母に体当たりを加え、一を轟沈、一を大破する戦果を上げて硫黄島守備隊を大喜びさせたが、航空機の支援はそれ限りだった。すでに制海権も制空権も日本軍は失っていた。

その翌日、米軍は地下壕に対して火炎攻撃を開始し、入口という入口へ手榴弾を投げ込んで火炎を放射した。正面で激戦が続く摺鉢山も、麓は米軍の包囲するところとなった。

翌二十三日、激闘のすえ摺鉢山守備隊は全滅し、米軍は摺鉢山山頂に星条旗を掲げた。このとき日本兵二人が洞窟から飛び出して、勇敢に立ち向かったが銃撃に倒れている。

二十六日、米軍は海兵隊を増強して元山飛行場を猛攻し、ついにこれを占拠した。この時点で日本軍の兵力は半減していた。地下壕は収容しきれぬほどの負傷者であふれた。

そして三月三日、硫黄島に三つあった飛行場の最後の北飛行場が占領された。日本軍は各隊が夜になると斬込み隊を組織して米軍を苦しめた。

「予は常に諸子の先頭に在り」最後の総攻撃へ

戦闘はなおも各所で熾烈に続けられたが、彼我戦力の差は如何ともしがたく、戦況は日増しに悪化していった。そして三月十日がきた。東京大空襲である。

栗林は米軍の上陸前まで、よく家族へ手紙を書いた。その中で頻繁に空襲のことに触れ、

硫黄島守備隊の攻撃で、釘づけになる上陸米軍。遠方に見えるのが摺鉢山

早めの退避を促し、われわれが前線で戦っているのも、米軍の本土空襲を一日でも先へ引き延ばすためだと諭している。

一夜で十万もの無辜の市民を焼き殺したあの残酷無残な東京大空襲があったとき、硫黄島はまだ激戦の最中だった。栗林もこんなに早く気がかりだった米軍の大空襲がくるとは予測していなかったろう。

その頃になると日本軍の主力は北地区の狭い地域に圧迫され、将兵はわずか千人を残すのみとなった。もっとも米軍が制圧したあとの地下壕には、まだ相当数の日本兵が残っていた。各隊それぞれが玉砕したり、斬込みをかけたり、ゲリラ活動をして抵抗した。勝敗は初めから判っていても日本軍に降伏はない。兵隊たちは兵団長の「敢闘の誓い」

をそのままによく戦った。

その頃、北飛行場の高射砲陣地を指揮していた部隊長が、高射砲を水平に倒して、前進してくる敵戦車を大破炎上させた戦功に対し、兵団長の栗林から感状が出された。その感状を部隊長に届けた司令部附の軍曹（数少ない帰還兵の一人）の手記に（※）、感状伝達中に、近くにいた兵隊の一人が、大声で、

「いまさら感状なんかほしくない。弾をくれ、弾を……」

臓物（ぞうもつ）を抉（えぐ）り取られるような悲痛な叫びだった、と書いている。

これこそが第一線で戦う兵隊の生の声であろう。彼は兵団長を咎（とが）めて叫んだのではなかった。戦争そのものを呪（のろ）ったのだ。怒りをぶつけるところがなかったのである。

軍曹が通ってきた地下通路も死傷者で充満していた。軍曹自身が負傷をして片足を引きずっていた。死が近い兵が水を欲していた。泣き喚（わめ）いている兵隊もいた。死んでいく兵隊たちは「天皇陛下バンザイ」とは言わなかった。妻子や恋人の名を呼んで死んでいった。兵隊とはそういうものなのである。

三月十六日、米軍は国旗掲揚式を行ない、硫黄島の完全占領を宣言した。同じ日に日本軍は軍旗を焼却したが、日本軍の戦いは終わっていなかった。もはや組織立った戦闘は不可能

だったが、戦意を失ったわけではない。

栗林中将が最後の総反撃を決意したのは三月十七日の夜という。このまま地下壕で果てたのでは意味がない、今が反撃に出るときだと判断し、大本営宛に最後の訣別電報を打つと、出撃できる司令部の全員を集め、

「いまや一人百殺あるのみ」

と恩賜の煙草を分け、酒を酌み交わしてから、階級章や重要書類を焼却して出撃した。全員五百名は米軍の動きを見ながら、地下通路の移動に手間取ったが、それは転進中も米軍の攻撃を受けたからである。

ようやく総攻撃のときがきた。米軍は日本軍の抵抗がほとんどなくなったのを見て、二十四日、包囲網を解いたのだ。その隙をついて二十六日の朝、全軍いっせいに西部地区の海兵隊の露営地を襲撃した。栗林は白襷をかけて「予は常に諸子の先頭に在り」の言葉どおり将兵の先頭に立って戦った。総指揮官が将兵の先頭に立って奮戦するなど、日本の軍隊では皆無といっていい。三時間に及ぶ激闘で米軍は百七十名の死傷者を出したが、地獄のような修羅場は、日本軍が全員壮絶な死を遂げたため、兵団長の最期を見届けた者はいなかった。

※龍前新也著「栗林兵団司令部の最期」（光人社NF文庫『硫黄島決戦』所収）より。この場面については、感状を受け取った部隊長自身が「感状よりも弾がほしい」と言ったとする記録もある。

第六章
今村均と日本の敗戦、責任の果たし方

今村 均

信念と覚悟を持ち続けた「真の軍人」

保阪正康

満洲事変以降の人事、
「戦陣訓」の作成、
ジャワの占領地統地、
ラバウルでの指揮、
そして戦後の身の処し方……。
そこから浮かび上がる今村均の人物像とは。

「異例」と評せる経歴

軍人には、二つの顔がある。

陸軍省や参謀本部で働く「軍官僚」と、戦場に立って戦う司令官などの「現場の責任者」だ。この二つをこなした人が、本当の意味での「軍人」である。どちらか一つだけに秀でた者は「軍官僚」、あるいは「現場責任者」と捉えるべきだろう。

たとえば、東條英機は関東軍参謀長を務めたが、現場で戦ったことがほとんどなく、典型的な軍官僚である。

では、今村均はどうか。両方をこなしたから、「軍人」と呼んでいい。ただし、彼は日本陸軍のメインストリートを歩んだ人ではなかった。

そもそも今村は、新潟県の新発田中学校を卒業後、第一高等学校へ進もうとしていて、軍人を志望していなかった。一高を出たら、東京帝国大学に入り、知識人、あるいは官僚になるコースを歩もうとしていたと思われる。

しかし、父が急逝したことで、高等学校に進学するだけの余裕がなくなった。そこで、学費のかからない陸軍士官学校を選び、明治三十八年（一九〇五）、その十九期生として入学したのだ。

ちなみに、陸軍士官学校の十九期は「異例」と評することのできる特徴がある。全員が一般中学出身者であり、陸軍幼年学校からの入学者が一人もいなかったことだ。

これは日露戦争で将校が足りなくなると気づいた日本が、陸軍士官学校の門戸を広げたためである。

期によって比率は異なるが、幼年学校から三百人くらい、一般中学から五十人くらいが士官学校に入るのが普通である。

陸軍の主流は幼年学校組であり、「幼年学校」、「ドイツ語」（幼年学校はドイツの軍学が重視されたからだ）、「陸軍大学校」が出世の条件だった。

一般中学出身者は、多くが英語を学んでいて、ドイツ語ができないから、二つの条件が欠けることになる。一般中学出身者だけの十九期生は、おしなべて出世が遅かった。

一般中学で培われた特色

今村均を考えるうえで、幼年学校ではなく、一般中学の出身だったことは重要である。

一般中学出身者と幼年学校組は、どこが違うのか。

一般の中学校も幼年学校もだいたい十三歳で入学するが、中学では五年の学業期間に政治、経済も学んで幅広い知識を得るし、小説などの本を読んで基礎教養を身につける。

一方、幼年学校で勉強するのはもっぱら軍事である。極端な言い方をすれば、軍事しか知らない人間が育つのだ。

もちろん、幼年学校出身者のすべてにそれが当てはまるというわけではなく、バランスの取れた人物もいたことだろう。

しかし、一般中学出身者のほうが、人間的なふくらみがあるというのは、総じて妥当な見方だと思う。今村の陸軍士官学校の同期である本間雅晴や、後輩ではあるが、硫黄島で指揮を執った栗林忠道も一般中学出身者である。

一般中学出身である今村の特色が顕著にあらわれたのは、第十六軍司令官として行なったオランダ領インドネシア・ジャワの占領地統治（軍政）だろう。

「軍政」というと、強圧的なものというイメージが強いが、今村の場合は「現地の人の生活を守る」を前提とした行政である。

今村はジャワの人たちの意見をよく聞き、彼らの生活ルールを尊重した。

また、有無をいわせずに資源を徴発する他の軍人とは異なり、適正な価格で購入するという形を取った。

インドネシアの子供たちに囲まれる今村均

「日本にもっと資源を送れ」という要求があっても、今村は、「現地の人の生活が崩れてしまう」という理由で反対し、大本営を説得している。

それから、スカルノ、ハッタといった、オランダに抵抗した独立運動の指導者を牢屋から出したり、インドネシア独立の歌を歌うことを許したりもしている。その地の歴史、民族の誇りをおろそかに扱うことはなかったのだ。

このような今村の方針に、「やり方が生ぬるい」という批判が陸軍内部で出た。

軍務局長の武藤章が今村を訪ねてきて、日本軍の威厳を高めるよう求めたことがある。

このとき今村は、陸軍の「占領地統治要

綱（こう）」にある「公正な威徳（いとく）で民衆を悦服（えっぷく）させ」を引き合いに出して反論し、「職を免（めん）ぜられない限り、方針は変えない」といって応じなかった。

ジャワにおける今村の占領地統治は、ある種の歴史的正当性を持っていると思うし、それは一般中学で学んだことと、彼の人格が調和した結果だと言えるだろう。

なぜ陸軍の中枢から遠ざけられたのか

ジャワの占領地統治は、今村均が優れた行政能力を持っていたことを雄弁に物語るが、軍官僚としての経歴を見ると、まず参謀本部作戦課長だったときのことを取り上げたい。

今村が作戦課長に就任したのは昭和六年（一九三一）八月、四十五歳のときだ。その翌月に満洲事変が起こった。

このとき、今村は事変の拡大に反対しているが、それは軍官僚として評価するうえで重要なポイントだろう。

しかし、現実には満洲事変が拡大する方向に進み、昭和七年（一九三二）四月、今村は歩兵第五十七連隊長に転出している。

中間管理職の課長は、ある程度の権限を有するポジションである。一年に満たない期間で作戦課長の職を解かれたことは、満洲事変の拡大に反対する今村が外された、と考えられなくもない。

この後、昭和十三年(一九三八)に憲兵を管轄する陸軍省兵務局の局長、昭和十五年(一九四〇)三月には、陸軍の教育を受けもつ教育総監部の本部長になっている。

陸軍大臣、参謀総長、教育総監部長官を通称「三長官」というが、陸軍省、参謀本部、教育総監部の中で、教育総監部は地位が低い。その本部長は、はっきりいえば閑職である。

この人事は、今村のスタンスも影響しているかもしれない。

私は今村を、合理的、現実的思考をする永田鉄山に連なる人物として捉えている。永田と言えば、統制派の中心人物として皇道派と対立したことで知られている。だが、今村はどちらにも与せず、いわば中間派といえる立ち位置だった。

そして、昭和十年(一九三五)に永田が斬殺され、その翌年に二・二六事件が起きると、陸軍では、寺内寿一、梅津美治郎、東條英機らが実権を握った。彼らは統制派と言われるが、私からすれば永田とは異なる考えを持ち、いわば「新統制派」と称するべきだろう。

永田は、国家総力戦となったときに、軍部として何ができるのかを追求し、政治や外交に口を出すことは考えていなかった。

ところが、新統制派は軍部が政治と経済を押さえたうえで、国を主導していこうと考えており、精神主義的でもあった。

そうした新統制派のもとで、今村や本間雅晴のような理知的な人間は、陸軍の中枢(ちゅうすう)から遠ざけられるようになったと思われる。

もっとも、教育総監部本部長時代の今村は、陸軍に大きな影響を及ぼす仕事に関わった。それは「戦陣訓」である。

昭和十六年（一九四一）四月、陸軍大臣・東條英機の名前で示達(じたつ)された「戦陣訓」を作成したのは教育総監部で、本部長の今村はその責任者だった。

「戦陣訓」は本来、軍人としてあるべき姿を説いたもので、作家の島崎藤村(しまざきとうそん)などに頼んで文章を整えただけに、日本語として格調高く、文章のリズムもいい。

だが、示達者である東條におもねる師団長らによって、「死を惜(お)しむな」「虜囚(りょしゅう)の辱(はずかし)めを受けず」といった点が強調されてしまったきらいがある。特に太平洋戦争中は、現場の兵士を苦しめる役目を果たしたといっていい。

そのため今村も、「戦陣訓」の内容には後悔の念がわいたらしい。内容が抽象的だったから、時代の流れによっては狂気にも似た色合いを帯びる性質があった、と自省している。

ラバウルでの指揮から見える能力

今村均は現場でどう戦ったか。

昭和十七年（一九四二）十一月から終戦まで続いたラバウルにおける指揮を見れば、有能な司令官だったことは明らかである。

第八方面軍司令官に補された今村がラバウルで採った方針の一つは、兵士を無駄死にさせないということだ。

日本の戦争で問題なのは、兵站の軽視である。典型的な例はガダルカナル島の防衛戦だろう。武器弾薬はもとより、食料さえも不足し、敵と戦う前に、餓えと戦う羽目に陥っている。

今村はラバウル防衛のために要塞化を進めただけでなく、兵士に畑をつくらせ、食料の自給体制を構築した。

今村自身も畑を耕したといわれるが、そのおかげで、補給を断たれてラバウルが孤立しても、餓死者を出すことなく頑強に守り抜くことができた。

「兵士を無駄に死なせてはいけない」

「兵站をきちんとしなければいけない」

当たり前のことを、今村は戦場で実行したのである。

なお、アメリカ、イギリスなどの民主主義国は、現地の司令官に降伏する権限が委ねられていた。戦場で部下があまりにも多く死ぬと考えられたら、司令官の判断で降伏することができたのだ。

シンガポールを守備するイギリスのパーシバル将軍が、山下奉文に降伏したのはその一例だが、太平洋戦争では十万人くらいの連合国軍将兵が捕虜になっている。

しかし、日本の場合、現地の司令官にその裁量がなかった。

ラバウルにて、第八方面軍司令官時代の今村均

現地部隊の降伏は大本営が決める。「最後まで戦え」と大本営が命じたら、現地の司令官は「これ以上の戦闘は無意味だ」と判断しても、降伏できなかった。

「兵隊を簡単に殺す命令を出していいのか」

今村はそんな思いをもって、ラバウル守備隊を指揮していたのではなかったか。

さらに今村は、ラバウルで海軍と「類稀」といっていいほどの友好関係をつくったことも、特筆に値する。

陸海軍協定は、どの現場でも結ばれているが、たいがいはお互いの疑心暗鬼をカバーするために文書化したという程度のものだった。それほど、陸軍と海軍はお互いに不信感を持っていた。

しかし、今村がラバウルで海軍と結んだ協定は、お互いの信頼関係のうえでつくったものだったから、海軍も陸軍も本気で守った。

今村が連合艦隊司令長官の山本五十六と親しかったことも大きいが、海軍の将官たちが、今村の人間性を信頼していたといっても過言ではない。

戦後、海軍の軍人だった小柳富次が四十数人の将官を訪ね歩いて、聞き書きを残した。それは『帝国海軍　提督達の遺稿　小柳資料』として出版されたが、そこに今村が出てくる。

陸軍の将軍で取り上げられたのは今村だけであり、海軍の中で彼が別扱いで見られていたことを物語っている。

戦後の身の処し方

戦争が終わると、今村均は二つの軍事法廷で裁判にかけられた。

一つは第八方面軍司令官の責任を追及された、オーストラリアによる裁判である。ここで死刑を宣告されかけたが、禁固（きんこ）十年となった。

続いて、第十六軍司令官としてジャワの占領地統治をしたときの責任を問われ、オランダによる裁判がインドネシアで行なわれた。この裁判では、捕虜収容所の扱いが他の日本軍占領地と違ったということで、無罪の判決が下されている。

軍事法廷で裁判をする以上、無罪はレアケースなのだが、今村の占領地統治を認める現地の人の声を、それだけ無視できなかったのだろう。

余談になるが、以前、今村の下で捕虜収容所の所長を務めた人物にインタビューしたことがある。

「今村さんが捕虜収容所に来て、指示することはなかったが、何となく方針が伝わってくる」「自分の人格が、今村さんの人格と触れあった」という話が印象的だったが、彼は、オランダ人の捕虜に手紙のやり取りを許し、月に一回、慰問（いもん）という形での交流をさせてもいた。

捕虜収容所の所長だったから、彼もオランダの裁判にかけられた。このとき、証人として出廷したオランダ軍兵士の中には、「なぜ、この男を裁くのだ」と発言した者もいたという。

話を今村に戻す。

昭和二十五年（一九五〇）、日本へ移送された今村は、オーストラリアの裁判で禁固十年が確定していたため、巣鴨（すがも）プリズンに収容された。しかし、生活環境が東京より悪いニューギニア・マヌス島の刑務所に入りたいと、ＧＨＱ（連合国軍最高司令官総司令部）に申し出る。そこに、かつての部下たちが服役しているからだ。

願いが受け入れられ、今村はマヌス島に送られたが、ＧＨＱのトップであるダグラス・マッカーサーは「私はゼネラル今村が部下とともに服役することを希望して、マヌス島に行きたいと言っていることを知り、日本にはまだ真の武士道が生きているとの感を深くした」との声明を出している。

マヌス島の刑務所は昭和二十八年（一九五三）に閉鎖された。この時点で今村の刑期は終わっていない。彼は再び巣鴨プリズンに入り、律儀なまでに服役を続けた。

翌年、刑期を終えて出所した後は、自宅の庭に三畳（じょう）一間の粗末（そまつ）な小屋を建て、そこで日常生活を送る。それは今村なりの贖罪（しょくざい）だったのである。

その生き方が問いかけるもの

今村均は昭和三十年代に、四百字詰原稿用紙にして二千枚はあると思われる回顧録『私記・一軍人六十年の哀歓』（のちに改版されて『今村均回顧録』）を出版した。

そこには、自分の体験した誤りを後世の人に伝えることによって、日本の軍事を正常な形に乗せて欲しいという願いが込められていると、私は考えている。

というのは、日本陸軍の問題点をきちんと書いているからだ。それだけ戦争についての反省が、他の軍人よりも強かったのだろう。

最も印象に残っているのは、陸軍大学校の教育が間違っていたという、今村の私見である。陸軍大学校を首席で卒業した今村が、陸軍大学校そのものを問題視したのだ。こういうことをきちんと語る軍人は稀有といってもいい。

今村は、陸軍大学校の何が間違っていたと考えたのか。

戦術、戦略ばかりを教え、軍人としての総合的な能力を育てなかったことである。こういう偏った教育のために、日本軍にはいくつかの不祥事、不明朗なことが起こったと記している。

陸軍大学校も陸軍士官学校も、明治時代に山県有朋たちのつくった軍人勅諭が、教育の基本的な柱とされた。そこには「外国はどうなのか」「民主主義社会の軍隊はどうなのか」というような視点が欠けている。

また、先輩の軍人が先生である点も、陸軍大学校、陸軍士官学校に共通しているが、それは日本の軍人の学んできたものの継承であり、要するに日清戦争、日露戦争の時代の考え方を教えていたのである。

今村の陸軍大学校批判は、日清、日露という「勝った戦争」の延長でしか戦争を見ていない人への徹底批判だと私は思うが、それは軍人としての誇りが言わせたのだろう。誇りのない人は、弁解したり、きれい事を言ったりして、自分の身を守るための言い逃(のが)れをするだけだ。

人間を見るとき、二つの視点がある。

一つは肩書き、もう一つは人間性だ。

今村は肩書きでは、内閣総理大臣まで務めた東條英機に劣る。では、人間性で見たらどうだろうか。

私はかつて、今村を「人間としての良識派」（『陸軍良識派の研究』）と書いたが、人間として素晴らしい人だったことは間違いない。

特筆すべきは、どんな状況、どんな組織にあっても、自分の信念を持ち続けたことだろう。

たとえば、悪いことをして、「誰もがやっているじゃないか」と開き直る人もいるかもしれない。

しかし、今村はそうではない。彼の歩みからは、どんな最悪の状況に置かれたとしても、「問われているのは、自分の人間性だ」と、覚悟を持って生きたことが窺(うかが)える。

つまり、状況に流されず、人間としての良心を持ち続けることの大切さを訴えかけてくるのである。

もっとも、信念を持ち続けることはたやすいことではない。そういう生き方は、組織からはみ出してしまうことも多い。だからこそ、後世の我々は、そうした生き方をした人物をきちんと評価し、語り継いでいくべきなのである。

かつての部下のために……闘い続けた戦後

秋月達郎

昭和二十年（一九四五）八月、終戦――。
それは今村均にとって、単なる終わりではなく、
新たなる闘いの始まりでもあった。
マッカーサーを感嘆させた請願、
スカルノによる今村奪還計画の謝絶、
そして出所後の謹慎生活……。
今村が胸に秘めた思いとは。

マッカーサーとスカルノ、二人が今村に見たもの

昭和二十四年（一九四九）十二月二十六日十五時。オランダ汽船チサダネ号が、蘭印関係の戦争犯罪人約七百名を乗せ、ジャカルタを発った。

甲板に佇む今村の鼓膜に甦るのは、日本とインドネシアの民族融和を祈念した歌『八重汐』だった。

今村は、昭和十七年（一九四二）三月九日からジャワ島ジャカルタで軍政を行ない、同年十一月二十六日から終戦までニューブリテン島のラバウルにおいて指揮を執った。

しかし終戦とともに戦犯とされ、ラバウルの豪軍収容所とジャカルタの蘭印軍監獄に収監され、三年八か月、その内九か月は死刑囚として、日々を過ごしてきた。

チサダネ号の向かう先は祖国日本だったが、自由の身になるわけではない。昭和二十二年（一九四七）五月、豪軍事裁判で部下の非人道的な行為への責任を問われ、刑を科された身が祖国で禁固されるのは、巣鴨プリズンと呼ばれる監獄だった。

しかし、日本で投獄されるつもりはない。帰国したら直ちに、部下の拘置されている南洋の孤島へ送られるよう請願する肚だった。

その理由を述べるに――。

昭和二十四年半ば、マヌス島監獄に服役中の元中佐参謀から、国際赤十字社を経由して、蘭印軍監獄に収監されている今村のもとへ手紙が届けられた。

マヌスは東部ニューギニア北方の孤島で、四百名におよぶ今村の元部下が収容されている。一日九時間の労働を強いられ、食事の粗悪さに体力も尽き、絶望している。このままでは半数も帰国できないだろうと、そう、手紙には綴られていた。

今村は「見捨てておくわけにはいかない。生命のあるかぎり彼らと行動をともにするのが私の義務であり運命である」と決意し、当局に「マヌス島へ移送してくれ」と申し入れた。

しかし許されず、チサダネ号に乗せられ、昭和二十五年(一九五〇)一月二十二日、横浜に下ろされ、米軍の管理下にある巣鴨プリズンへ投獄されてしまった。

今村は、面会で再会に喜ぶ妻をしてGHQの豪軍連絡班を訪ねさせ、こう請願させた。

『主人の今村は、米軍に対する戦犯ではなく、豪軍に対しての戦犯であって、マヌス島での服役を念願しております』

妻の請願は三度におよび、ようやく、GHQ法務局長カーペンター大佐がその意を汲み、総司令官マッカーサー元帥のもとまで上げた。

このとき、マッカーサーは唖然として「ほんとうにそんなことを歎願する者がいるのか」

と溜め息をつき、パイプを咥えた。

「ようやく、真の武士道に触れた思いだ」

かくして同年二月二十一日、今村は、赤道直下の島へ向けて出航した。

マヌスは天候不順にして高温多湿、その湿気に包まれた桟橋への上陸は三月四日、豪軍刑務所に着くや、四百人の受刑者は声をあげて出迎えた。

今村は「みんな一緒に日本へ帰るのだ」と励ました。

今村らしい行動といっていいが、彼をサムライと崇めた人間がいまひとりいる。

やや、時を遡る。

今村がジャワ島で軍政にあたっていたとき、こんなことがあった。

バンドン高等工業学校（現・バンドン工科大学）を卒業するや宗主国オランダに対する反植民地運動に身を投じ、逮捕や亡命を繰り返しながらも決してめげることなく闘い続けてきた青年がおり、今村がジャワへ上陸したときはスマトラのベンクーレン刑務所に投獄されていた。

名を、スカルノ。

この強烈な独立主義者はインドネシアの青年層から圧倒的な支持を受けており、軍政部宛に「スカルノを救い出してください」という歎願が頻繁に送られてきていた。

今村は「軍政の協力を得よう」とスカルノを出獄させた。南方軍総司令部は難色を示したが、意に介さなかった。

出獄後、スカルノは「ほんとうのサムライとは、今村司令官のような人をいうのだ」と感激し、すぐさま今村のもとへ御礼かたがた挨拶に訪れ、今村はスカルノに全幅の信頼を置いて自由を保証し、住民の慰撫を託した。

しかし、今村がラバウルへ異動となってからは、その交誼は途絶えた。

個々の将兵ではなく最高指揮官を責めるべき

ガダルカナル島からの撤退後、戦線の縮小を余儀なくされた日本軍は、南方の要地に散った。ラバウルもまた窮地に追い込まれた。

七万の将兵の体力を保ちつつ、長期持久の体制を維持するには、現地自活しかない。しかし、熱帯の大密林を伐採しての農地開拓は、並み大抵のことではない。だが、今村らはやりとげた。

ところが、にわかに戦争が終わった。

今村は、昭和二十年（一九四五）八月十六日十一時、司令部内に全直轄(ちょっかつ)部隊長六十名を集めて別辞(べつじ)を述べた。

『諸君。死中に活を得ようとして起(た)ったこの戦争も、事(こと)成らずして敗れた終戦も、また、運命であると考える。ただ、汗と膏(あぶら)で、こんな地下要塞(ようさい)を建設し、万古斧鉞(ばんこふえつ)を入れたことのない原始密林を開き、七千町歩(ちょうぶ)からの自活農園を開拓までしている。この経験、この自信を終始忘れずに、君国の復興、各自の発展に、活用するよう促(うなが)してもらいたい』

今村は、将兵が日本へ帰還するまで部隊編制を解かぬよう指示し、農耕の充実をもって健康に留意させるようにも促し、戦勝国である豪軍の進駐を待つことにした。

四か月後、豪軍が進駐を開始し、十二月五日を皮切りに今村の部下たちの強制収容を開始した。戦争犯罪の裁判に引き出さんとしたからだったが、今村は、かれらを守るべく会見を求めた。

『戦争犯罪容疑者として刑務所に引かれた私の部下は、日本国法によって裁かれるべきものであり、戦争犯罪をもって裁かれるべきものではない。それでもなお裁こうとするならば、監督指導の地位にある最高指揮官を責めるべきで、個々の将兵を裁くべきではない』

だが、今村の申し入れは受理されず、部下たちに対して峻烈(しゅんれつ)な裁判が進められ、いとも安易に極刑に処せられていく。今村は、軍管区司令官のモーリス少将に対して申し入れた。

『最高指揮官である私を拘留の上、すみやかに裁判を行なわれたい』

交渉は続けられ、やっとのことで今村の希望が容れられたものの、ラバウル高台にある収容所へ抑留され、部下と合流することができたのは翌年の四月二十八日だった。

豪軍による元日本兵への暴虐をまのあたりにした今村は、そうした不当な取り扱いに対して徹底的に抗議したが、改善されなかった。

それどころか、今村の裁判は遅々として始まらず、部下たちの裁判ばかりが執り行なわれた。死刑間近となった部下は今村のもとを訪い、訣れの挨拶をしていく。今村の悲しみは、日を追うごとに深くなった。

結局、部下百四名に判決が言い渡され、二十九名が死刑、六名が無期刑、六十九名が有期刑に処せられた。

最後に裁判を受けた今村には、昭和二十二年の五月十五日に〝部下将兵中から百四名もの戦争犯罪者を出し、計百名もの被害者を生ぜしめたことは、一に最高指揮官たる今村大将の監督不十分に起因したものである〟との裁定が下され、十年の有期刑が科せられた。

逆境の恩寵に涙を堪え切れず……

だが、今村の戦後の闘いはまだ半ばだった。

戦争の前半はジャカルタで軍政を執っている。蘭印軍としては今村を告訴したい。このため、身柄引き渡しを豪州政府に要請し、昭和二十三年（一九四八）五月一日朝、今村を乗せた蘭印軍さしまわしの飛行機はラバウルを離陸、五月三日夕、ジャカルタへ着陸した。収容されたのは、ジャカルタ郊外のストラスウェーク監獄である。

このとき、耳を疑うほど驚いたことがある。今村の護送はとうに囚人らに知らされていたらしいのだが、夕刻、どこからともなく日本語の歌が聞こえてきたのだ。

「八重汐ではないか」

ここに収監されている千五百人の囚人は、ひとり残らず現地人だった。つまり、日本人は今村しかおらず、ここで日本語の歌が歌われるとすれば、今村に聴かせるためとしかおもわれない。

今村の脳裏に、軍政時代が甦った。この『八重汐』は、ジャカルタの市民もよく口遊んでいた。当時、今村は歌による民族融和も奨励し、現地の愛唱歌『ブンガワン・ソロ』などは、今村の指示により東京でレコードに録音、頒布された。市民はこぞって聴いたものだった。

そうした市民が収監されていたらしく、徳ある軍政を執った今村を元気づけられるとしたら、思い出の歌を聴かせることしかないとおもい至ったのだろう。

「ありがとう、ありがとう」

そのように涙した今村に対する蘭印検事局の予審訊問は二十五回におよび、それが終わった九月十八日、ジャカルタ市内のチビナン監獄に移された。

こちらには、約七百名の日本人の戦犯が収監されていた。軍事裁判前の未決囚は、政治犯専用の獄舎があてがわれていた。裁判はここでも元部下から始められ、つぎつぎに死刑が求刑された。

今村も同様にされるだろう、というのが大方の見当だった。実際、二十六件におよぶ容疑で告訴された今村への求刑は、昭和二十四年三月十五日に為された。死刑である。

その頃、こんな面会があった。

現地人の囚人ふたりで、独立を宣言したインドネシア共和国の将校だという。

かれらは「この監獄では、共和国の密偵が看守を務めています。その看守から、われらが首班スカルノの伝言を預かってきました」と告げた。それによれば、今村に死刑の判決が下されたとき、処刑場へ赴く車列を襲撃して救出してくれるという。

「そのとき、閣下はなにひとつ躊躇なさらず、われわれの自動車に乗り込んでください」

「それはいけない。日本の武士道では、そんな奪回に遭って生きのびるのは不名誉なことをしている。まして、私を救うための兵とオランダ兵との間に銃火が交えられ、双方に犠牲者を生じさせることなどは、絶対に避けたい。スカルノ政府の厚意には大いに感謝はするが、奪回には応じないことを諒承してくれたまえ」

以後、公判は何回となく重ねられたが、今村への判決は下されず、死刑囚房に拘留されたままだった。部下たちも、マラリア蚊と南京虫に苛まれ、鉄格子の窓を恨めしく仰ぎ、看守に虐待され続けた。

かれらは生きる気力を失いかけていたが、慰めてくれたものがある。投獄されていたインドネシアの囚人たちが、鉄格子越しに日本の歌を合唱してくれたのだ。

今村たちが教えた『八重汐』『暁に祈る』『愛馬進軍歌』『船頭可愛や』などの日本語歌、そして『ブンガワン・ソロ』などが歌われた。歌による激励だけではない。かれらは、自分たちに与えられている日用品や嗜好品を分配して差し入れた。

元日本兵は、込み上げる感傷のまま、さめざめと泣いた。

今村も涙を堪え切れず、こうした囚人間の人間愛についてこう感じた。

「逆境の恩寵だ……」

　そのような中、インドネシアは大きく変わり始めていた。

　当時、蘭印諸島は独立戦争に揺れていた。オランダは武力行使に出、共和国政府の初代大統領となっていたスカルノをはじめとする閣僚の大半を拉致、スマトラ北東方に浮かぶバンカ島に軟禁してしまった。

　これにインドネシアの民衆は怒りを爆発させ、各地で蜂起し、ついに一九四九年十二月二十七日を期して、インドネシアの主権は共和国側に委譲されることとなった。蘭印軍事裁判も同月二十六日までに完了しなければならなくなった。

　このとき、チビナンには今村をはじめ約七百名の戦犯が依然として抑留されていたが、蘭印軍は米軍に交渉し、東京で拘置してもらうよう取り決め、移送の前段階として今村たちをジャカルタ北方のオンドロス島刑務所に移した。そして急遽、今村に対する判決も下された。

　十二月二十四日、判事は判決文を読み上げた。

〝蘭印軍臨時軍事裁判は、被告日本陸軍大将今村均に対する起訴の判決事実は、その証拠これ無きものと認定する〟

　あまりにも唐突な無罪判決だった。

しかも、退場しかけた今村を、裁判官はひきとめ、判決室の中央にある円卓に呼び寄せ、給仕(きゅうじ)に指図して他の戦犯将官や関係者にもグラスを配らせ、そこに洋酒を注(そそ)がせるや、乾杯(かんぱい)の声をあげたのである。

「無罪を祝福いたします」

終戦十九年後の思いがけぬ再会

さらに驚くことがあった。判決後、今村のもとへ日本弁護団の松本清法弁護士がやってきて、このように話した。ジャカルタ駐在のインド総領事が弁護団の事務所を訪れ、スカルノからの伝言を預かってきたと告げたらしい。

総領事によれば、スカルノは、このたびの今村の無罪判決をわが事のように喜んでいるそうで、その伝言は次のようなものだった。

〝公式の独立日は十二月二十七日で、それより前は、オランダの監獄にいる日本人に言葉をかけることはできません。しかしながら、私ことスカルノは、今村閣下が無罪となられたことを心から喜んでおり、八年前に与えられたご厚意も決して忘れておりません〟

涙を拭(ぬぐ)った今村はすぐにでもスカルノのもとへ急いで謝意を伝えたかったが、それはできなかった。なぜなら、二日後には汽船チサダネ号によって日本へ移送されることになってい たし、そのあともマヌス島へ渡って刑に服す覚悟でいたからだ。

結局、スカルノとの再会を果たせぬまま、マヌス島刑務所が閉鎖され、さらに刑期が終わる昭和二十九年（一九五四）十一月まで巣鴨拘置所に収容された。その間、軍事裁判の非道について、今村は闘い続けた。

『戦争犯罪を将来なくすため、裁判を行なうことの意義は肯定している。また、私の部下の犯した過失はすべてが戦争の特質に附帯する昂奮によったもので、それに対し私は部下監督の責任があることも否定しない。しかし〝汝の敵を愛せよ〟を信条としているキリスト教国国民である戦勝軍人が、無武装の敗戦日本人に対して如何なる不法の戦争犯罪を行なったかを、私の眼は視認している。だから、日本軍と戦った軍人軍属を裁判官とする軍事裁判が、すべて合法的に行なわれたなどとは、私は信ずることが出来ない』

出所後、今村は、世田谷区の自宅の庭に三畳の庵を結んだ。そこで謹慎し、早逝した部下を慰霊した。

そこから出るのは、かつての部下やその遺族の支援を行なう時か、報道の取材に応える時くらいなもので、普段は座卓に向かって回顧録を認めるか、長年に亘って奉読し続けた『歎

昭和39年（1964）、帝国ホテルにてスカルノと再会する今村均

異抄』あるいは『聖書』を開くという、判で捺したような日々を送った。

この謹慎生活は足掛け十四年に及んだが、むろん、例外もある。その決して多くない例外のひとつに、おもいがけない光景がある。

昭和三十九年（一九六四）、スカルノが訪日し、帝国ホテルで再会したのだ。

そのおり、スカルノは満面の笑みで今村の老いた手を取り、両掌でちからづよく包み込んだ。今村もまた沁みわたるような微笑みでそれを受けた。ふたりがどのような言辞をもって久闊を叙し合ったか、それはこのふたりのほか誰も知らない。

昭和四十三年（一九六八）十月四日、今村は他界し、故郷仙台の輪王寺に葬られた。享年八十二。

【執筆者紹介】（五十音順）

秋月達郎 ［あきづき・たつろう］
昭和34年（1959）生まれ、愛知県出身。映画プロデューサーを経て、平成元年（1989）に作家に転身。以後、歴史を題材にした作品を数多く発表している。著書に『天国の門』『マルタの碑』『ほたるの城』『奇蹟の村の奇蹟の響き』『海の翼』『海のまほろば』『水晶島奇譚』などがある。

戸高一成 ［とだか・かずしげ］
昭和23年（1948）生まれ、宮崎県出身。呉市海事歴史科学館（大和ミュージアム）館長。㈶史料調査会理事、厚労省所管「昭和館」図書情報部長などを経て、現職。令和元年（2019）、菊池寛賞を受賞。著書に『海戦からみた太平洋戦争』、編著に『［証言録］海軍反省会』などがある。

野村敏雄 ［のむら・としお］
大正15年（1926）、東京に生まれる。編集者や劇団文芸部員などを経て、作家生活に入る。第一作の「老眼鏡と土性骨」は、第34回直木賞の候補に。歴史・時代小説と現代小説の両ジャンルで活躍し、多数の作品を出版。晩年に至るまで、息の長い創作活動を続けた。

早坂　隆 ［はやさか・たかし］
昭和48年（1973）、愛知県生まれ。ノンフィクション作家。著書に『昭和十七年の夏　幻の甲子園』『世界の日本人ジョーク集』『現代の職人』『指揮官の決断 満州とアッツの将軍 樋口季一郎』『永田鉄山 昭和陸軍「運命の男」』『ペリリュー玉砕 南洋のサムライ・中川州男の戦い』などがある。

保阪正康 ［ほさか・まさやす］
昭和14年（1939）生まれ、北海道出身。ノンフィクション作家。同志社大学文学部卒業。平成16年（2004）、昭和史の研究により、菊池寛賞を受賞。著書に『昭和史七つの謎』『陸軍良識派の研究 見落とされた昭和人物伝』『ナショナリズムの昭和』（和辻哲郎文化賞受賞）などがある。

松田十刻 ［まつだ・じゅっこく］
昭和30年（1955）、盛岡市生まれ。新聞記者、フリーランス（編集・ライター）などを経て、著述業。著書に『東条英機』『乃木希典』『東郷平八郎と秋山真之』『撃墜王 坂井三郎』『龍馬のピストル』『角田覚治』『山口多聞』『紫電改よ、永遠なれ』『提督斎藤實「二・二六」に死す』などがある。

渡部昇一 ［わたなべ・しょういち］
昭和5年（1930）、山形県生まれ。上智大学大学院修士課程修了後、独ミュンスター大学、英オックスフォード大学に留学。上智大学教授を経て、同大学名誉教授。Dr.phil.、Dr.phil.h.c.（専攻は英語学）。第1回正論大賞。著書に『知的生活の方法』ほか多数。幅広い分野で言論活動を展開した。

【初出一覧】

史上空前の奇襲攻撃を
　なぜ決断したのか ―――――――――― 戸髙一成
『歴史街道』2009年1月号

なぜ米英との対決に向かったのか？
　昭和陸海軍の体質を変えたもの ――――― 保阪正康
『歴史街道』2009年1月号

「ワレ奇襲ニ成功セリ」
　世界が瞠目した運命の一日 ―――――――― 松田十刻
『歴史街道』2009年1月号

「見敵必戦」の闘志と
　果断を備えた男の魅力 ――――――――― 戸髙一成
『歴史街道』2007年8月号

ネルソン、東郷、楠木正成……
　彼らの精神は何をもたらしたのか ――――― 渡部昇一
『歴史街道』2007年8月号

敵空母を撃滅せんとす！
　僅か飛龍一隻で、あくまで攻撃を止めず ―― 秋月達郎
『歴史街道』2012年6月号

部下への温情を
　兼ね備えた闘将 ―――――――――――― 戸髙一成
『歴史街道』2008年8月号

日本の機動部隊、
　最後の勝利を呼んだ南太平洋海戦 ――――― 松田十刻
『歴史街道』2008年8月号

バンザイ突撃の禁止、
　相次ぐ御嘉賞と将兵の奮闘 ――――――― 早坂　隆
書き下ろし

戦争に勝者も敗者もない……
　両陛下のパラオご訪問 ―――――――― 早坂　隆
書き下ろし

米国を知悉していたゆえに……
　不遇の「理性派」陸軍中将 ―――――――― 保阪正康
『歴史街道』2007年1月号

全島要塞化に米軍戦慄！
　苛酷な持久戦に臨んだ気高き男たち ―――― 秋月達郎
『歴史街道』2007年1月号

三十六日にわたる死闘！
　彼らは何のために戦い続けたのか ―――― 野村敏雄
『歴史街道』2007年1月号

信念と覚悟を持ち続けた
　「真の軍人」 ―――――――― 保阪正康
『歴史街道』2020年3月号

かつての部下のために……
　闘い続けた戦後 ―――――――― 秋月達郎
『歴史街道』2020年3月号

【本文写真提供】

国立国会図書館蔵
P.11

HPS
P.19、21、28、49、53、59、76、80、97、103

広島県
P.63

時事通信フォト
P.128、153

栗林快枝氏
P.135、138、163

靖國神社遊就館蔵
P.155

毎日新聞社 / 時事通信フォト
P.165

今村和男氏
P.169、174、179、199

【本文地図作成】

ウエル・プラニング
P.41、45、148

PHP新書

PHP INTERFACE
https://www.php.co.jp/

『歴史街道』とは

1988年創刊の月刊誌。今ある歴史雑誌では一番の老舗で、昭和、平成、令和と3つの時代にわたって発刊し続けてきました。過去の人物や出来事を取り上げるとはいえ、歴史は現代の人びとに役立たなければ意味がありません。また、歴史は本来、堅苦しく難しいものではなく、もっと身近で楽しいものであるはずです。そして何より、人間を知り、時代の流れを知る上で、歴史ほど有益な参考書はないのです。そこで『歴史街道』は、現代からの視点で日本や外国の歴史を取り上げ、今を生きる私たちのために「活かせる歴史」「楽しい歴史」を、ビジュアルでカラフルな誌面とともに提供します。

太平洋戦争の名将たち

PHP新書 1228

二〇二〇年七月二十八日　第一版第一刷

編者――歴史街道編集部
発行者――後藤淳一
発行所――株式会社PHP研究所
東京本部――〒135-8137 江東区豊洲5-6-52
第一制作部PHP新書課 ☎03-3520-9615(編集)
普及部 ☎03-3520-9630(販売)
京都本部――〒601-8411 京都市南区西九条北ノ内町11
組版――宇梶勇気
装幀者――芦澤泰偉＋児崎雅淑
印刷所
製本所――図書印刷株式会社

ISBN978-4-569-84724-5

ＰＨＰ新書刊行にあたって

「繁栄を通じて平和と幸福を」（PEACE and HAPPINESS through PROSPERITY）の願いのもと、ＰＨＰ研究所が創設されて今年で五十周年を迎えます。その歩みは、日本人が先の戦争を乗り越え、並々ならぬ努力を続けて、今日の繁栄を築き上げてきた軌跡に重なります。

しかし、平和で豊かな生活を手にした現在、多くの日本人は、自分が何のために生きているのか、どのように生きていきたいのかを、見失いつつあるように思われます。そして、その間にも、日本国内や世界のみならず地球規模での大きな変化が日々生起し、解決すべき問題となって私たちのもとに押し寄せてきます。

このような時代に人生の確かな価値を見出し、生きる喜びに満ちあふれた社会を実現するために、いま何が求められているのでしょうか。それは、先達が培ってきた知恵を紡ぎ直すこと、その上で自分たち一人一人がおかれた現実と進むべき未来について丹念に考えていくこと以外にはありません。

その営みは、単なる知識に終わらない深い思索へ、そしてよく生きるための哲学への旅でもあります。弊所が創設五十周年を迎えましたのを機に、ＰＨＰ新書を創刊し、この新たな旅を読者と共に歩んでいきたいと思っています。多くの読者の共感と支援を心よりお願いいたします。

一九九六年十月

ＰＨＰ研究所

PHP新書

［歴史］

061 なぜ国家は衰亡するのか　中西輝政
286 歴史学ってなんだ？　小田中直樹
505 旧皇族が語る天皇の日本史　竹田恒泰
591 対論・異色昭和史　鶴見俊輔／上坂冬子
663 日本人として知っておきたい近代史［明治篇］　中西輝政
734 謎解き「張作霖爆殺事件」　加藤康男
738 アメリカが畏怖した日本　渡部昇一
748 詳説〈統帥綱領〉　柘植久慶
755 日本人はなぜ日本のことを知らないのか　竹田恒泰
761 真田三代　平山 優
776 はじめてのノモンハン事件　森山康平
784 日本古代史を科学する　中田 力
791 『古事記』と壬申の乱　関 裕二
848 院政とは何だったか　岡野友彦
865 徳川某重大事件　徳川宗英
903 アジアを救った近代日本史講義　渡辺利夫
922 木材・石炭・シェールガス　石井 彰
943 科学者が読み解く日本建国史　中田 力
968 古代史の謎は「海路」で解ける　長野正孝
1001 日中関係史　岡本隆司
1012 古代史の謎は「鉄」で解ける　長野正孝
1015 徳川がみた「真田丸の真相」　徳川宗英
1028 歴史の謎は透視技術「ミュオグラフィ」で解ける　田中宏幸／大城道則
1037 なぜ二宮尊徳に学ぶ人は成功するのか　松沢成文
1057 なぜ会津は希代の雄藩になったか　中村彰彦
1061 江戸はスゴイ　堀口茉純
1064 真田信之 父の知略に勝（まさ）った決断力　平山 優
1071 国際法で読み解く世界史の真実　倉山 満
1074 龍馬の「八策」　松浦光修
1075 誰が天照大神を女神に変えたのか　武光 誠
1077 三笠宮と東條英機暗殺計画　加藤康男
1085 新渡戸稲造はなぜ『武士道』を書いたのか　草原克豪
1086 日本にしかない「商いの心」の謎を解く　呉 善花
1096 名刀に挑む　松田次泰
1097 戦国武将の病（やまい）が歴史を動かした　若林利光
1104 一九四五　占守島の真実　相原秀起
1107 ついに「愛国心」のタブーから解き放たれる日本人　ケント・ギルバート
1108 コミンテルンの謀略と日本の敗戦　江崎道朗

1111 北条氏康 関東に王道楽土を築いた男　伊東 潤／板嶋常明
1115 古代の技術を知れば、『日本書紀』の謎が解ける　長野正孝
1116 国際法で読み解く戦後史の真実　倉山 満
1118 歴史の勉強法　山本博文
1121 明治維新で変わらなかった日本の核心　猪瀬直樹／磯田道史
1123 天皇は本当にただの象徴に堕ちたのか　竹田恒泰
1129 物流は世界史をどう変えたのか　玉木俊明
1130 なぜ日本だけが中国の呪縛から逃れられたのか　石 平
1138 吉原はスゴイ　堀口茉純
1141 福沢諭吉　しなやかな日本精神　小浜逸郎
1142 卑弥呼以前の倭国五〇〇年　大平 裕
1152 日本占領と「敗戦革命」の危機　江崎道朗
1160 明治天皇の世界史　倉山 満
1167 吉田松陰『孫子評註』を読む　森田吉彦
1168 特攻　知られざる内幕　戸髙一成［編］
1176 「縄文」の新常識を知れば 日本の謎が解ける　関 裕二
1177 「親日派」朝鮮人　消された歴史　拳骨拓史
1178 歌舞伎はスゴイ　堀口茉純
1181 日本の民主主義はなぜ世界一長く続いているのか　竹田恒泰
1185 戦略で読み解く日本合戦史　海上知明
1192 中国をつくった12人の悪党たち　石 平
1194 太平洋戦争の新常識　歴史街道編集部［編］
1197 朝鮮戦争と日本・台湾「侵略」工作　江崎道朗
1199 関ヶ原合戦は「作り話」だったのか　渡邊大門
1206 ウェストファリア体制　倉山 満
1207 本当の武士道とは何か　菅野覚明
1209 満洲事変　宮田昌明
1210 日本の心をつくった12人　石 平
1213 岩崎小彌太　武田晴人
1217 縄文文明と中国文明　関 裕二
1218 戦国時代を読み解く新視点　歴史街道編集部［編］

［地理・文化］

592 日本の曖昧力　呉 善花
705 日本はなぜ世界でいちばん人気があるのか　竹田恒泰
934 世界遺産にされて富士山は泣いている　野口 健
1119 川と掘割〝20の跡〟を辿る江戸東京歴史散歩　岡本哲志
1182 京都の通りを歩いて愉しむ　柏井 壽
1184 現代の職人　早坂 隆